钕铁硼和镍氢电池两种废料中有价元素回收的研究与应用

邓永春　著

北　京

冶金工业出版社

2019

内 容 提 要

本书针对钕铁硼永磁材料废料和镍氢电池电极废料，采用火法—湿法联合的方法对废料中有价元素的回收利用进行了系统的论述，首先进行了两种废料 H_2 选择性还原研究；其次，为了确定利于渣金熔分且稀土氧化物含量高的 $REO\text{-}SiO_2\text{-}Al_2O_3$ 基熔渣体系组成范围，开展了 $REO\text{-}SiO_2\text{-}Al_2O_3$ 基熔渣体系物化特性（熔化温度、黏度）的基础研究，并探究了熔渣中稀土相结晶析出的基本规律，在此基础上，进行了渣金熔分的实验研究；再次，采用浸出—净化—沉淀的方法从熔分渣中提取稀土，研究湿法冶金过程的基本规律，最终构建了火法—湿法联合回收法从废料中提取稀土的工艺原型。

本书可供冶金、能源等行业的工程技术人员以及高等院校相关专业教师、研究生和本科生阅读和参考。

图书在版编目 (CIP) 数据

钕铁硼和镍氢电池两种废料中有价元素回收的研究与应用 /邓永春著. —北京：冶金工业出版社，2019.4
　ISBN 978-7-5024-8056-1

　Ⅰ. 钕… Ⅱ. ①邓… Ⅲ. ①钕铁硼—有价金属—废物回收 ②氢—镍电池—有价金属—废物回收 Ⅳ. ①X753

中国版本图书馆 CIP 数据核字（2019）第 046051 号

出 版 人 谭学余
地　　址　北京市东城区嵩祝院北巷 39 号　邮编　100009　电话　(010)64027926
网　　址　www.cnmip.com.cn　电子信箱　yjcbs@cnmip.com.cn
责任编辑　赵亚敏　美术编辑　彭子赫　版式设计　禹　蕊
责任校对　石　静　责任印制　牛晓波
ISBN 978-7-5024-8056-1
冶金工业出版社出版发行；各地新华书店经销；三河市双峰印刷装订有限公司印刷
2019 年 4 月第 1 版，2019 年 4 月第 1 次印刷
169mm×239mm；9.75 印张；189 千字；143 页
49.00 元

冶金工业出版社　投稿电话　(010)64027932　投稿信箱　tougao@cnmip.com.cn
冶金工业出版社营销中心　电话　(010)64044283　传真　(010)64027893
冶金工业出版社天猫旗舰店　yjgycbs.tmall.com
（本书如有印装质量问题，本社营销中心负责退换）

序 1

稀土是不可再生资源，从稀土废料中提取稀土等有价金属对我国稀土矿产资源保护，减少环境污染，降低企业成本等具有积极意义，符合国家发展循环经济的产业政策，前景广阔。目前，对废料中稀土的回收方法主要以湿法为主，但成本高，环境污染严重。

邓永春博士多年来一直从事冶金领域的教学和科研工作，致力于稀土废料综合利用方面的研究，撰写了多篇相关的学术论文，并在国内外专业期刊上发表，在此基础上，系统梳理，精心总结，撰写了这本专著。全书行文流畅、结构合理、层次分明，针对钕铁硼永磁材料废料和镍氢电池电极废料中有价元素的回收利用，对两种废料氢气选择性还原—渣金熔分过程中，熔渣的熔化温度、黏度、冷却过程中晶体析出性能，熔渣湿法回收稀土等进行了系列的阐述。

在本书中，作者针对钕铁硼永磁材料废料和镍氢电池电极废料，提出了火法—湿法联合回收有价元素的新方法，该方法实现了稀土二次资源中有价元素的协同回收，为其循环利用奠定了基础；火法形成的 $REO-SiO_2-Al_2O_3$ 熔渣是一种新型体系，书中系统研究了熔渣体系的熔化温度、黏度和结晶特性，确定了钕铁硼永磁材料废料和镍氢电池电极废料火法回收的适宜的熔渣成分。针对钕铁硼永磁材料废料熔分渣和镍氢电池电极废料熔分渣，书中提出了在密闭体系中，高温、高压条件下，盐酸浸出熔分渣中稀土的方法，较低温、常压浸出，具有盐酸用量低、利用率高、无酸性废气排放、环境友好的优点。相信本书的正式出版，对从事冶金资源综合利用研究领域的工作者具有参考价值和指导意义。

北京科技大学教授、博士生导师

2018 年 11 月 5 日于北京

序 2

钕铁硼永磁材料、镍氢电池电极材料在制备加工过程产生的废料以及长时间使用失效产生的废料，成为稀土及其他有价金属元素提取的二次资源。稀土废料中稀土及有价金属元素的回收多采用湿法冶金法，但酸碱使用量大、流程冗长且存在有价金属元素未协同回收等问题。对于日益增加的稀土废料，如何实现清洁高效的综合利用，已成为目前稀土行业迫切需要解决的重大技术问题，研究开发稀土废料资源的综合利用关键技术，对于稀土的可持续发展，资源循环利用以及环境保护方面均具有重要的科学意义。

邓永春多年来一直从事冶金二次资源综合利用的科学研究，并取得了工学博士学位，在国内外专业期刊上发表了多篇相关的学术论文，在此基础上，认真总结，精心准备，撰写了本书。全书表达流畅，思路清晰，研究方法和实验手段合理，分析有理有据，作者以钕铁硼废料和镍氢电池废料为研究对象，采用 H_2 气选择性还原—渣金熔分法得到高纯合金和 REO-SiO_2-Al_2O_3 基熔渣，为了确定利于渣金熔分且稀土氧化物含量高的 REO-SiO_2-Al_2O_3 基熔渣体系组成范围，进行了熔渣的熔化温度、黏度的系统研究，并探究了熔渣结晶析出的基本规律，进而采用浸出—净化—沉淀的湿法冶金法从熔渣中提取稀土，对湿法冶金过程的基本原理进行了论述，从而构建了火法—湿法联合回收法从废料中提取稀土的工艺原型。通过本书的研究，将为稀土废料高效综合回收提供理论支持和科学依据；对从事冶金资源综合利用研究领域的工作者具有一定的参考意义。

内蒙古科技大学教授、博士生导师

2018 年 11 月 7 日于内蒙古包头

前　言

　　稀土金属间化合物是由稀土元素与其他金属元素形成的具有一定化学成分、晶体结构和显著金属结合键的物质，它们是稀土新材料开发的宝库，如稀土储氢合金、钕铁硼永磁材料、钐钴永磁材料等，这类稀土新材料的应用日趋广泛，成为稀土应用的主要方面之一。稀土新材料在制备加工过程中产生的废料以及长时间使用失效而产生的废料，成为稀土及其他有价金属元素提取的二次资源。

　　稀土废料相对成熟的回收方法主要是湿法冶金，其不足之处在于产品附加值低，回收流程冗长，酸碱及萃取剂使用量大，环境保护负担重，如镍氢电池废料的回收方面，相对成熟的规模化的回收方法得到的产品（铁镍合金）附加值低，而且没有考虑稀土元素的回收；火法回收方法流程短、产品附加值高，但未实现有价元素的协同回收。

　　对于日益增加的稀土废料，如何实现清洁高效的综合利用，已成为目前稀土行业迫切需要解决的重大技术问题，研究开发稀土废料资源的综合利用关键技术，对于稀土的可持续发展，资源循环利用以及环境保护方面均具有重要的科学意义。

　　基于火法和湿法两类方法优势互补的思想，本书针对钕铁硼永磁材料废料和镍氢电池电极废料，提出了火法—湿法联合回收的新方法，采用 H_2 选择性还原—渣金熔分法得到高纯合金和 $REO\text{-}SiO_2\text{-}Al_2O_3$ 基熔渣，稀土氧化物熔渣采用浸出—净化—沉淀方法，得到稀土氧化物，实现了废料中稀土、铁、镍、钴的高效循环利用。

　　火法形成的 $REO\text{-}SiO_2\text{-}Al_2O_3$ 熔渣是一种新型体系，是"火法—湿法联合回收"工艺中的关键技术，其熔化温度、黏度等基础性质决定着渣金熔分过程合金的分离效果以及稀土氧化物的富集程度。

新工艺合理利用了稀土废料中元素的物理化学性质，废料中的金属元素分为活性金属与惰性金属两类，RE、Al、Mn等为活性金属，而Fe、Ni、Co则为相对惰性的金属，通过H_2选择性还原处理，可使废料中金属元素的化学状态发生变化，活性元素转化为氧化物状态，惰性元素则为单质状态；H_2选择性还原处理的物料配加造渣剂（SiO_2、Al_2O_3）进行渣金熔分，可得到Fe-Co、Ni-Co合金和稀土氧化物熔渣。湿法过程主要用于提取经渣金熔分处理后的富含稀土氧化物熔渣中的稀土，与现有的湿法回收方法比较，本书显著减轻了湿法处理过程中酸、碱等材料的消耗量以及废水废气排出量，环境保护负担显著减轻，可使整个回收工艺过程变得高效清洁。

作者任教于内蒙古科技大学材料与冶金学院，本书的完成得到了内蒙古科技大学材料与冶金学院姜银举教授的大力支持和全力帮助。本书内容所涉及的研究工作及出版得到了国家自然科学基金（项目号：51364029）的资助，在此致以深深的谢意！

由于作者水平所限，书中疏漏和不足之处，诚望广大读者批评指正。

作　者

2018 年 10 月

于内蒙古科技大学

目　录

1 绪 论

1.1 稀土材料及废料概述

1.1.1 钕铁硼永磁材料及废料概述

1.1.1.1 钕铁硼永磁材料发展现状

钕铁硼永磁材料是以金属间化合物 $RE_2Fe_{14}B$ 为基础的永磁材料。主要成分为稀土(RE)、铁(Fe)、硼(B)。其中，稀土元素钕(Nd)为了获得不同性能可用部分镝(Dy)、镨(Pr)等其他稀土金属替代，铁也可被钴(Co)、铝(Al)等其他金属部分替代，硼的含量较小，但却对形成四方晶体结构金属间化合物起着重要作用，使得化合物具有高饱和磁化强度，高的单轴各向异性和高的居里温度。

钕铁硼(NdFeB)作为第三代稀土永磁材料，含有约30%的稀土元素（钕是主要组成成分，镝、镝等次之），其具有质量轻、体积小、磁性强、磁能积高、原料易得、价格便宜等特点，因此，极受人们重视，发展也极为迅速，是迄今为止性价比最高的磁体，在磁学界被誉为"磁王"[1]。

常用制备钕铁硼的方法有粉末冶金法（即烧结法）、黏结法、铸造法、还原扩散法、溅射沉积法等等[2]。现如今应用最为广泛的是烧结钕铁硼和黏结钕铁硼。

表1-1为中国及全球 2006~2010 年钕铁硼的产量表[3~5]，可以看出我国钕铁硼的产量遥遥领先于其他国家，且呈现逐渐增加趋势。我国稀土永磁材料产业已经具备相当的基础，从分布来看已经形成了以浙江、山西、京津地区以及山东烟台地区的4大生产基地。

表 1-1 2006~2010 年中国及全球钕铁硼产量　　　　　(t)

年　份		2006	2007	2008	2009	2010
烧结钕铁硼	中国	38220	45100	52400	60900	98000
	全球	49800	58110	66640	72165	120000
	占比/%	76.7	77.6	78.6	84.4	81.7

年　份		2006	2007	2008	2009	2010
黏结钕铁硼	中国	2800	3200	3600	4100	10000
	全球	5070	5280	5510	6120	14300
	占比/%	55.2	60.6	65.3	67.0	69.9
中国钕铁硼总产量		41020	48300	56000	65000	108000
全球钕铁硼总产量		54870	63390	72150	78285	134300
占比/%		74.8	76.2	77.6	83.0	80.4

1.1.1.2 钕铁硼废料产生机理

钕铁硼的生产过程从原料预处理到最后产品检测，每一步都不可避免地产生废料。废料的主要来源有：(1) 原料预处理工序中产生各种单一原料的损耗物，如金属钕、纯铁、硼铁、金属镝、钴等；(2) 制粉过程的同时进行分级，粒径大于要求的颗粒返回气流磨进行处理，粒径小于要求的颗粒被分出来，粉粒构成了碎屑的一部分；(3) 磁场取向和压型中按照产品要求将粉末压制成一定形状与尺寸的压坯并保持在磁场取向中获得的晶体取向度，在压坯从模具中脱模时，由于脱模不完全，会产生一些缺角、开裂等形状缺陷的残次品；(4) 烧结过程使压坯发生一系列的物理化学变化，如粉末颗粒表面吸附气体被排除、有机物蒸发与挥发、应力消除、粉末颗粒表面氧化物还原、变形颗粒回复和再结晶等，在这些过程中容易产生因内应力消除不完全造成的开裂等形状缺陷的残次品，也会产生磁性能不合格的残次品；(5) 机械加工过程中的切割和打磨产生一部分碎屑，在机加工过程中产生大量的边角料；(6) 表面处理（镀铜、镀锌等）的不合格品；(7) 在一些工序中被严重氧化的钕铁硼废料，如熔炼铸锭工序产生的氧化皮、在制粉工序产生的超细粉由于暴露空气中而着火的磁粉，在磁场成型时散落的合金粉，机加工工序中的磨削粉等。表 1-2 列出了钕铁硼各工序中废料占投入料的百分比[6]。

表 1-2　钕铁硼生产各工序中废料占投入料的百分比 　　　(%)

配料熔炼	制粉	成型	烧结	热处理	机加工	表面处理	充磁	检测	全流程
1	1.5	1.5	1	1	35	1	1	1	30~40

钕铁硼废料中含有约30%的稀土元素[7]（其中含钕约90%，其余为铽、镝等），稀土成分含量高，杂质少，不含有害重金属，不具有放射性，没有危险废物。利用钕铁硼废料提取稀土，将减少稀土原矿提炼精矿的步骤，简化提取工艺流程，这不仅对于补充氧化钕和金属钕的供应不足具有重要意义，其回收企业也

可取得可观的经济效益、节约成本。在国家大力提倡建设资源节约型和环境友好型社会的情况下，探讨回收钕铁硼废料，将其变废为宝具有非常重要的现实意义，而且前景广阔。

1.1.2 镍氢电池电极材料及废料概述

1.1.2.1 镍氢电池发展现状

稀土镍氢电池(Ni/MH)的正极材料为氢氧化镍，负极材料为 AB_5 型稀土储氢合金。AB_5 型合金中，A 侧是以 La、Ce 为主的稀土元素，B 侧的构成元素以 Ni 为主，添加少量的 Co、Al、Mn 等元素，是一种新型的化学电池。这种电池有着诸多的优点，如充电和放电速率高，能量密度大，为镍—镉电池的 1.5~2 倍，使用寿命长[8]。作为一种便携式可重复使用的能源，镍氢电池在生活和工作的各个方面得到了极为广泛的应用[9]。我国的镍氢电池产量已经位居世界第二位，仅次于排名第一的日本。

1.1.2.2 镍氢电池电极废料产生机理

在 AB_5 型稀土储氢合金的生产过程中，由于氧化、渣化等作用，产生占合金质量约 2%的废渣。镍氢电池电极材料随使用器件失效而成为废料。镍氢电池的失效原因，主要归纳为以下几种类型[10]：(1)经过数以百计的循环充放电，电池负极合金晶胞体积膨胀、收缩，从而引起了合金的粉化，而正极上的氢氧化镍同样会出现粉化现象；(2)在充电和放电的过程中会有氧气产生，进而氧化电池负极上的稀土或其他元素；(3)浓碱会腐蚀合金元素，使其发生偏析；(4)电池深度过放电会产生大量的氢气，其与球型氢氧化镍发生化学反应，进而影响正负极的结构；(5)电池内部发生电解液干涸的现象。负极合金的氧化是镍氢电池发生失效的主要原因，其过程是在合金的表面生成稀土、铝等元素的氢氧化物，从而使储氢合金发生结构的变化，进而引起电化学容量的迅速降低，甚至可能完全失效。失效的镍氢电池电极材料以及储氢合金冶炼废渣中，主要金属元素为 Ni、La、Ce，还有少量的 Co、Al、Mn 等金属元素，其废料成分[11]见表 1-3。

镍氢电池电极废料作为二次资源再生利用具有很高的经济可行性。如果对废旧镍氢电池的处置不恰当，普遍存在于环境中的酸性物就会将其中的镍浸出，从而造成环境的污染并严重危害人体的健康。各国环境保护法中对于金属排放量的限制的逐步提升，在很大程度上促进了对镍氢电池的回收利用[12~14]。

除了显著的环境效益外，废旧电池的回收还具有一定的经济效益和社会效益。在处理废旧镍氢电池的过程中，可以获得多种的有价金属。镍氢电池对电极活性材料的耗费率约为 2000 吨/1 亿只，对其中所含的大量 Ni、Co 及稀土等有价金属进行回收利用，可以更好、更有效地利用金属资源，并可在一定程度上降低生产成本等[15]。随着经济的不断发展，我国的各种矿产资源也日趋减少，当务之急是建立一种可持续的消费方式以及可循环的经济模式。因此，不管是从环境保护的角度考虑，还是结合资源综合利用的观点，回收废旧镍氢电池都具有非常重要的意义[16]。

表 1-3　镍氢电池废料的成分

成　分	质量分数/%			
	AB_5纽扣电池	AB_5圆柱形电池	AB_5方形电池	AB_2圆柱电池
Ni	23~39	36~42	38~40	37~39
Fe	31~47	22~25	6~9	23~25
Co	2~3	3~4	2~3	1~2
La、Ce、Nd、Pr	6~8	8~10	7~8	—
Zr、Ti、V、Cr	—	—	—	13~14
炭黑、石墨	2~3	<1	<1	—
有机物	1~2	3~4	16~19	3~4
钾	1~2	1~2	3~4	1~2
氢和氧	8~10	15~17	16~18	15~17
其他	2~3	2~3	3~4	1~2

1.2　稀土废料回收技术

1.2.1　我国稀土现状

中国稀土资源极为丰富，具有储量大、品种齐全、分布集中、主要矿床的稀土赋存状态特殊等特点。主要稀土资源有内蒙古白云鄂博混合型稀土矿、四川冕宁牦牛坪、山东微山碳氟铈矿和江西、广东、广西、湖南、福建、云南、浙江离子吸附型稀土矿。中国稀土储量 2700 万吨，占世界稀土储量的 30% 以上，储量基础 8900 万吨，为世界储量基础的 59% 以上，其中钇储量为 54 万吨，占世界钇储量的 40%。

"中东有石油，中国有稀土"，这句话一度给我国稀土产业带来了无尽的期望和无限的遐想，但我国稀土人均占有率较低，稀土资源开采无序、浪费现象严重。目前，稀土产业还停留在开采和分离冶炼低端环节上，对于技术含量高的下游环节很少涉足，这是我国稀土产业可持续发展的瓶颈，产品科技含量低，尤其国内钕铁硼磁体大多数还是应用于中低档产品，其售价也远低于国际市场价格[17]。再加上条块分割，市场无序，造成稀土行业大量低水平重复建设，资源优势未能充分发挥。即使我国目前获得生产量和销售量的世界冠军，但在某种程度上这是以牺牲大量宝贵资源换取的短期的经济效益。同时，低水平的稀土生产已经造成十分严重的环境污染。自 2008 年以来，国家对稀土产业越来越重视，各个主管部门出台了很多相关的管理规章制度，使得近两年来稀土行业的发展才逐渐出现好转。但是，我国稀土产业依然面临着很多需要解决的问题。因此，发展高效、节能、环境友好型的稀土产业刻不容缓。

1.2.2 稀土的生产方法

稀土被称为新材料的宝库，在诸多领域广泛应用，并被许多国家列为高新技术产业发展的关键元素和国家的战略元素。在最新开发的高技术材料中，有 25% 含有稀土元素。中国是公认的稀土大国，在稀土的质量、品种以及可利用性等方面具有明显的优势。目前，我国的稀土产量和出口量都为世界第一。稀土的生产分为以下几个阶段[18]：

（1）稀土矿物处理。稀土矿通常是含有多种有用矿物的复合矿，工业上利用的稀土岩矿一般含百分之几至百分之十几的稀土矿物。而稀土砂矿和离子型矿仅含万分之几至千分之几的稀土（按氧化物计）。因此，开采得到的稀土矿必须经过处理，才能得到满足冶炼要求的稀土精矿或稀土化合物，同时回收其他有用矿物。

我国白云鄂博的铁—稀土—铌巨型矿床稀土储量占世界首位。对该矿最主要的处理流程是通过选矿抛弃脉石矿物。开采得到的矿行经过破碎、磨矿后用磁选法选出铁精矿，从选铁尾矿中浮选得到稀土粗精矿。然后采用重选—浮选流程得到氟碳铈矿—独居石混合精矿。

我国中南地区的离子吸附型稀土矿一般不用经过选矿，用 NaCl 或 $(NH_4)_2SO_4$ 等稀溶液渗浸就可以将稀土元素提取到溶液中，然后沉淀回收稀土化合物。

（2）稀土精矿分解。稀土矿物与脉石矿物经分离以后，所得稀土精矿就可送入稀土冶炼厂进行提取处理。在湿法冶金过程中，常利用某些化工材料与精矿作用，将其转变成易溶于水或无机酸的稀土化合物，从而与其他伴生元素得到分离，这样的过程称为稀土精矿分解。对于包头混合型稀土矿的分解，主要方法有：浓硫酸焙烧法、烧碱法、碳酸钠焙烧法和高温氯化法等，对于氟碳铈矿精矿的处理，工业上一般采用酸—碱联合法、氧化焙烧—酸浸出法和高温氯化法等[19,20]。上述方法或是在较高的温度下分解精矿，或是采用较高的酸度进行浸出，或是采用复盐和其他稀土化合物之间的转型。

（3）稀土元素分离。稀土元素分离一方面是指稀土元素与杂质元素的分离，另一方面是指将稀土元素彼此分离。对于以制取混合稀土金属为目的的稀土化合物提纯一般在精矿分解过程中通过净化作业即可达到提纯的目的，有时也需设置单独的分离流程，如对铀等杂质元素的分离。单一稀土元素的分离曾采用过分级沉淀法、分步结晶法、氧化还原法、离子交换法等化学分离工艺过程。目前，工业规模分离高纯单一稀土元素广泛应用有机溶剂萃取技术。

（4）稀土金属生产。从稀土化合物制取稀土金属，采用熔盐电解法和金属热还原法。熔盐电解的原料使用无水稀土氯化物、氧化物或氟化物。金属热还原法又分为用镧、铈还原稀土氧化物，用钙还原稀土氟化物，和用中间合金（如钇—镁）法制取重稀土金属。稀土金属的提纯一般采用真空熔炼、真空蒸馏或区域熔炼等方法。某些高熔点重稀土金属在冶炼过程中往往得到金属粉末或海绵体，还需根据用户要求将其加工成高纯致密金属锭或型材。

1.2.3　稀土废料回收的研究现状

1.2.3.1　湿法冶金回收稀土

湿法冶金是靠创造条件来控制物质在溶液中的稳定性，利用某种溶剂，借助化学反应（包括氧化、还原、中和、水解和络合反应），对原料进行提取和分离的冶金过程。主要包括四个步骤：（1）靠溶剂溶解废料，使金属离子稳定在溶液中，即浸取；（2）浸取的溶液与残渣分离；（3）用离子交换，溶剂萃取或其他化学沉淀方法，使浸取溶液净化和分离；（4）从净化溶液中提取化合物。各种回收方法的差异仅限于上述各个回收步骤所采用工艺的差异[21,22]。

A　硫酸复盐沉淀法

徐丽阳[23]探讨了废镍氢电池负极板中稀土的回收工艺。实验采用 H_2SO_4 氧化剂溶解负极板并过滤，得到含有 Ni^{2+}，Co^{2+}，RE^{3+} 的硫酸盐溶液；向该溶液中加入无水硫酸钠可得到纯净的稀土复盐沉淀，过滤之后的滤液主要含有 Ni^{2+}，Co^{2+}；用溶剂萃取法可分离 Ni^{2+} 和 Co^{2+}，萃余液可生产硫酸镍，富钴有机相可用 H_2SO_4 反萃，以硫酸盐形式回收钴。影响镍、钴与稀土的分离效果的主要因素是溶液中酸度、温度及无水硫酸钠用量，实验得到最佳值为：酸度 1M，浓度为 100g 极板溶解为 1000mL，其中镍含量在 55~60g/L；无水 Na_2SO_4 投加量为理论量的 2.9 倍。该方法效果较好，能使 90% 以上的稀土沉淀，而镍、钴则留在溶液中。

吴巍[24]利用湿法处理工艺对废镍氢电池中镍、钴、稀土（RE）的回收进行了研究，实验采用 H_2SO_4 作为浸出剂；无水硫酸钠作为稀土复盐沉淀剂，研究结果表明：硫酸浸出时间为 3.8h，液固比为 15，硫酸初始浓度为 1.8mol/L，浸出温度 80℃，在此条件下，镍的浸出率达 96.8%，钴的浸出率达 97.3%，稀土的浸出率达 94.6%；稀土复盐的沉淀条件为，溶液 pH 值为 2.0，无水硫酸钠与浸出液中 RE^{3+} 的摩尔比为 4，反应温度为 60℃，在此条件下，RE 回收率为 96.7%。

唐杰等人[25]探索了从烧结钕铁硼磁体的废料中回收 Nd_2O_3 的工艺流程。根据废料中所含元素的化学性质，分别采用了硫酸复盐沉淀法及草酸盐二次沉淀法回收 Nd_2O_3（硫酸复盐沉淀法主要通过酸分解、稀土沉淀、NaOH 溶解和灼烧得到 Nd_2O_3；草酸盐二次沉淀法主要通过酸分解、稀土沉淀、草酸稀土沉淀、烘干灼烧、再次稀土沉淀和灼烧得到 Nd_2O_3），并比较了不同回收方法对杂质含量和回收率的影响，得出了简单可行、效益良好的工艺条件。其工艺流程图如图 1-1 和图 1-2 所示。

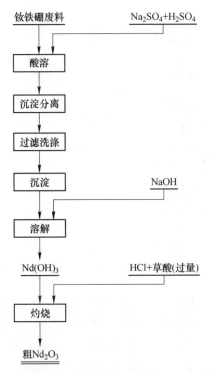

图 1-1 硫酸复盐沉淀法回收 Nd_2O_3 试验流程

试验结果表明，采用硫酸复盐沉淀法，稀土元素沉淀比较完全，所得产品纯度较高，且 Nd_2O_3 的回收率可达 82%，而草酸盐二次沉淀法，稀土元素沉淀不太完全，所带进的非稀土杂质也较多，灼烧草酸稀土沉淀所得黄棕色氧化物须进一步提纯。

Varta Batterie 公司[26]用 H_2SO_4 溶解氢镍电池废料，然后对浸出液进行溶剂萃取，通过控制 pH 值、溶剂以及两相体积比，稀土元素、铁、铝等就会以沉淀的形式析出，而液相中则存在与废料中比例相同的镍和钴，然后通过同步电解把

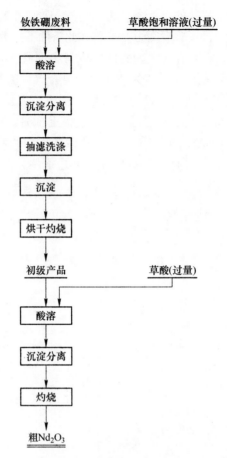

图 1-2　草酸盐二次沉淀法回收 Nd_2O_3 试验流程

处理的中间产物做成可以再利用的中间合金，最后与沉淀出的稀土元素经过电力冶金再加工成混合稀土用来制作新的储氢合金。

刘志强[27]采用硫酸溶解 NdFeB 磁体废料，在溶液中添加无水硫酸钠使废料中的稀土形成稀土复盐，与铁等大部分杂质分离。对稀土复盐进行碱转换生成稀土氢氧化物；用盐酸溶解稀土氢氧化物后采用非皂化 P507 进行萃取分离。研究结果表明，在分离高钕低镝稀土的过程中，与传统的皂化 P507 萃取相比，采用非皂化 P507 可以大大减少氨水和盐酸的用量，而且还可以减少乳化现象。采用本工艺制得了纯度大于 99%的氧化钕、99.5%的氧化镝。其工艺流程图如图 1-3 所示。

陈玉凤[28]称取经碱性洗涤剂洗去油垢后的钕铁硼原料（含钕 30.02%）50g慢慢加入 1∶4 H_2SO_4 约 200mL，反应至不再产生气泡为止，控制液固比为 1∶4，终点 pH＝1，过滤，滤液加入 2mol/L NaH_2PO_4 约 120mL 至沉淀完全，此时 pH＝2.3，钕以 $Nd(H_2PO_4)_3$ 形式析出，而 Fe^{2+} 不产生沉淀，使钕铁完全分离；沉淀

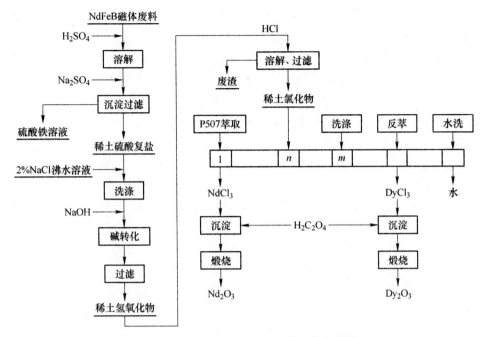

图 1-3 回收 Nd_2O_3 和 Dy_2O_3 的工艺流程图

经过滤再用 0.1mol/L H_2SO_4 洗至滤液中无铁为止；沉淀加 12mol/L NaOH 溶液 80mL，加热至 140℃，保温 2～3h，过滤，用水洗至无 PO_4^{3-}；沉淀用 1:4 H_2SO_4 中和、溶解、过滤、浓缩、结晶，晶体经水溶解后加入适量的 $(NH_4)_2CO_3$ 沉钕、过滤、洗涤、烘干后在 80℃煅烧 1h，得 Nd_2O_3。最终产品纯度大于 99.00%，总回收率大于 90.00%，并且该生产工艺基本上做到了无三废，工艺中还可回收 $FeSO_4$ 和 Na_3PO_4，可进一步降低生产成本。工艺流程图如图 1-4 所示。

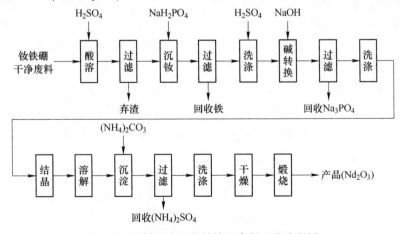

图 1-4 碱转换法回收钕铁硼废料工艺流程图

林河成[29]利用复盐沉淀法从钕铁硼废料中回收氧化钕,实验过程为:
(1)将废料放入电阻炉内进行焙烧以去除废料中的油和水;(2)将焙烧料进行
磨细至粒度不大于0.07mm;(3)用一定浓度的硫酸,在一定温度下浸出焙烧
料,过滤,滤渣弃去,滤液及洗液合并待用;(4)把上述料液置于搅拌反应器
内,在加热并搅拌下,均匀加入硫酸钠进行复盐沉淀,过滤和洗涤后,将滤洗液
弃去,复盐沉淀物送下道工序处理;(5)将草酸制成一定浓度溶液放入搅拌反
应器内,加热升温后,边搅拌边均匀加入复盐沉淀物,使其转化为草酸钕析出。
经过滤和洗涤后,溶液弃去,沉淀物送入下一工序;(6)把草酸钕置于电阻炉
内,先在低温下烘干除去机械水,再升温至850℃进行煅烧,得到 Nd_2O_3。研究
表明:每一道工序的变化为94.83%~99.50%,而总的回收率为85.53%,比预
期值80%高出5.53%,效果比较理想,其工艺流程如图1-5所示。

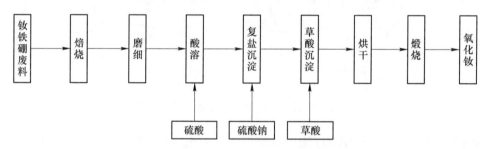

图1-5 复盐沉淀法回收稀土工艺流程图

B 盐酸优溶法

王毅军等人[30,31]介绍了盐酸优溶法,用该法从钕铁硼废料中萃取分离钕镝,
制取的氧化镝中 $w(Dy_2O_3) \geqslant 99\%$,非稀土杂质含量符合国标要求,稀土总回收
率大于92%,生产过程稳定。盐酸优溶法由氧化焙烧、分解除杂、萃取分离、沉
淀灼烧等4个部分组成。

(1)氧化焙烧:此步骤为优溶法关键,将稀土转化为氧化物,铁转化为
Fe_2O_3,以利于下一步酸分解。

(2)分解除杂:在反应器中加入少量水,分次加入盐酸和物料,控制盐酸
浓度和pH值,让稀土优先溶解。

(3)萃取分离:对除杂后的氯化稀土溶液进行P507-盐酸体系的Pr、Nd和
Dy分离,萃余液中含有Pr、Nd,反萃液为 $DyCl_3$ 溶液。

(4)沉淀灼烧:将萃余液注入沉淀槽,用草酸或碳酸氢铵作为沉淀剂,得
到草酸稀土或碳酸稀土沉淀,经过灼烧,得到镨钕氧化物;反萃液(氯化镝液)
用草酸溶液作为沉淀剂,得到草酸镝沉淀,经过灼烧得到氧化镝。其工艺流程如
图1-6所示。

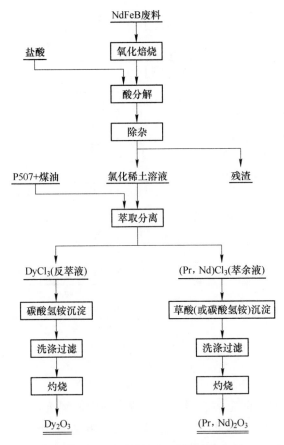

图 1-6 盐酸优溶法工艺流程图

宋绍开[32]用水热酸溶—还原扩散—电弧熔炼三步回收 Ni、Co 及稀土,其中稀土回收采用了水热酸溶法,其工艺流程图如图 1-7 所示。AB₅型稀土储氢合金冶炼废渣粉加入足量的水,搅拌,在 75℃下水热处理 10h 或 100℃下水热处理 3h,使其中的稀土氧化物转化为稀土氢氧化物;向水热处理后的物料中缓慢地加入一定量的盐酸,优先溶解其中的稀土氢氧化物,加酸过程不断搅拌,反应终点 pH=3~4,水溶液中开始有气泡放出,水溶液颜色由无色转为浅绿色。酸溶处理后物料过滤,水洗 3~4 次,乙醇洗涤 1~2 次,50~80℃干燥,得到合金富集物和含稀土滤液。滤液中加入过量的草酸得到稀土草酸盐沉淀物,将草酸沉淀物干燥后,850℃下马弗炉焙烧 2h,得到稀土氧化物。最终水热酸溶处理过程,稀土氧化物从废渣粉中分离出 20%左右,纯度在 99.0%以上。合金富集物在非自耗真空电弧炉内进行渣金熔分,渣金比例为 1:9 左右,说明废渣中稀土氧化物未完全分离。

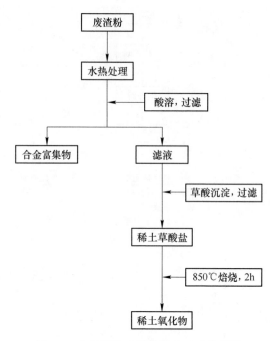

图 1-7　水热酸溶法回收稀土工艺流程图

C　盐酸全溶法

陈云锦[33]通过盐酸全溶法回收钕铁硼废料中的稀土与钴，研究表明：双氧水氧化 Fe^{3+}，用 N503 萃取 Fe^{3+}、除铁后的溶液接着用 P507 萃取稀土，含稀土有机相用不同酸度的盐酸分段反萃，获得品位 99% 的 Nd_2O_3 和 98% 的 Dy_2O_3。除稀土后的溶液用碳酸钠沉淀，得到品位 99% 的碳酸钴，如图 1-8 所示。

全溶法是采用盐酸为溶剂，将废料中的稀土元素及铁全部溶解为离子状态，然后通过除铁、萃取分离等工序得到稀土氧化物。全溶法由浸出溶解、除铁、萃取分离、沉淀灼烧等 4 个部分组成：

（1）浸出溶解：将钕铁硼废料筛分后直接用浓盐酸在常温下溶解，稀土及铁转化为离子形态，使用双氧水将 Fe^{2+} 氧化为 Fe^{3+}。

（2）除铁：利用 N503 萃取除铁。

（3）萃取分离：除铁后的溶液采用 P507 萃取分离稀土元素，得到单一的稀土氯化物。

（4）沉淀灼烧得到稀土氧化物。

上述湿法冶金方法研究比较系统和深入，可实现镍、钴、稀土等元素的单独回收，回收率较高，但流程冗长、操作复杂、酸碱使用量大、酸碱液及萃取残液易对环境造成污染；回收产物为各元素的化合物，产品附加值低。

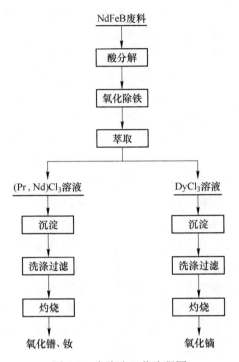

图 1-8 全溶法工艺流程图

1.2.3.2 火法冶金回收稀土

火法冶金是依据物料中元素的赋存状态，或者借助氧化还原反应改变物料中元素的化学状态，高温下回收合金的冶金过程。镍氢电池废料早期的火法回收方法以获得 Ni-Fe 合金为目标。废弃镍氢电池先经机械破碎解体，再经洗涤（去除 KOH 电解液）、干燥并分选出电池隔膜等有机废弃物后，电池的钢外壳及电极材料采用电炉碳还原—转炉氧化精炼（去除稀土、铝、锰等）法得到镍质量分数为 50%～55%、铁质量分数为 30%～35% 的 Ni-Fe 合金[34]。该方法是目前较成熟的火法冶金回收方法，日本的住友金属、三德金属等几家公司采用该方法对废弃的镍氢电池进行处理。该方法得到的 Ni-Fe 合金价值较低，可分别用于铸铁生产的合金化以及某些镍基合金和合金钢的生产原料等，合金中贵重金属钴的价值没有得到体现，进入渣相的稀土没有回收。

南开大学新能源化学研究所[35,36]研究了失效的镍氢电池负极合金粉再生技术。对分离的镍氢电池负极合金粉，用一定量的无机或有机酸浸泡，用水洗涤，抽滤，至滤液呈中性，真空烘干后分析各元素的含量，根据储氢合金元素流失的不同，补充必要元素，于真空电弧炉中重新熔炼，再生储氢合金。该方法工艺简单，合金元素可实现高效利用，不足之处是：（1）简单的酸溶法废粉中的氧化物分离率有限，只能依赖后续的电弧熔炼，成本高；（2）局限于负极粉的回收，且仅限于负极粉容易分离的大型动力电池。

姜银举[37~40]针对稀土镍氢电池废料火法回收方面开展了系列研究工作，采用选择性氧化还原—渣金熔分法回收 Fe-Ni-Co 合金和稀土氧化物渣。物料中氧化铁还原为单质态，Ni、Co 保持单质态，RE、Al、Mn 等活性金属元素转化为氧化态，选择性氧化还原后的物料进行渣金熔分，其中单质态的元素形成 Fe-Ni-Co 合金，稀土氧化物与铁精矿中的脉石形成 REO-SiO₂-Al₂O₃-MnO₂ 渣。研究结果表明：Ni 和 Co 的回收率达到 99%以上。Fe-Ni-Co 合金可作为冶炼特种钢的原料；渣中稀土氧化物进一步富集，具有很高的再利用价值。

张选旭[41]利用电还原—P507 萃取分离法从钕铁硼废料中回收稀土，电解槽一边进料，一边出料，电解时三价铁离子在阴极被还原成二价铁离子，二价铁在阳极又被氧化成三价铁。电还原完全后分解液进入萃取槽，先由 P507 萃取稀土除铁，其反萃液中铁含量较高，随后反萃液由 N235 除铁，其中铁大部分被去除，能满足稀土分离进槽料液中非稀土杂质要求。试验中使用电解槽为自制电解槽，萃取槽为生产使用了多年后闲置的工业萃取槽，混合室、澄清室均采用水封。试验进槽稀土金属量为 998kg，回收稀土 957.9kg，槽体积存稀土 21.48kg，稀土回收率 98.13%。其工艺流程图如图 1-9 所示。

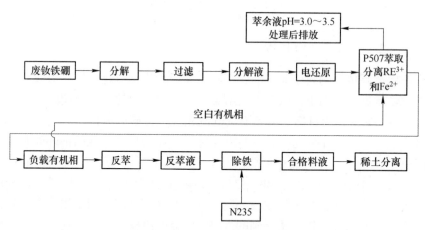

图 1-9　电还原—P507 萃取分离法从废钕铁硼中回收稀土

郭长庆等人[42~44]针对稀土储氢合金冶炼废渣粉，采用磁选—中频感应熔炼的方法回收镍钴合金，实验首先采用磁选法初步分离储氢合金废渣粉中的氧化物，然后再采用中频感应熔炼替代电弧熔炼的方法，回收镍钴合金，以回收的合金为原料，补充必要元素，再生储氢合金。该方法具有成本低、易于产业化回收的优点，不足之处是合金中杂质含量高，磁选分离料及熔渣中的稀土未得到回收。

T. Saito 等人[45,46]采用玻璃渣法涉及从稀土储氢合金和钕铁硼中提取稀土，这些金属间化合物与氧化硼混合，高温熔融过程通过化学反应使高活性稀土元素形成氧化物进入玻璃渣，惰性元素与硼形成合金，然后从玻璃渣中采用湿法分离稀土。以储氢合金为例，其化学反应如式（1-1）所示：

$$2LaNi_5 + B_2O_3 \Longrightarrow La_2O_3 + 4Ni + 2Ni_3B \qquad (1-1)$$

Y. Xu 等人则采用液态金属镁法从钕铁硼磁体中提取钕[47]，高温下，钕铁硼中钕扩散溶解于液态金属镁，形成镁钕合金，而铁和硼在液态镁中不可溶。这些技术目前只处于实验室的基础研究阶段，其适用范围窄，只适用于纯度高的稀土废料，不适用于含有少量氧的废料。

德国政府对废弃镍氢电池的回收作了一系列研究[48,49]，其目的是开发一种结构简单、环境友好的回收工艺，以实现镍氢电池电极废料的闭路循环利用。涉及此研究的有三个合作公司，ACCUREC GmbH 公司负责市场调查和可行性研究，UCR-FIA GmbH 公司负责机械处理和湿法冶金工艺，IME 工艺冶金和金属回收公司负责火法冶金处理工艺。其回收流程如图 1-10 所示。

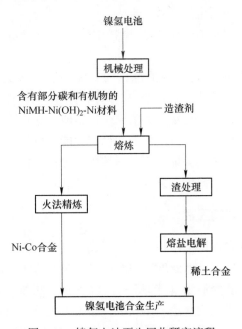

图 1-10　镍氢电池再生回收研究流程

项目在熔炼方面遇到了难题，没有取得突破，主要是坩埚、造渣剂的问题，坩埚材料选择了石墨、Al_2O_3、MgO 等，由于物料中含有稀土等活性金属元素，高温下与坩埚材料发生化学反应，坩埚材料腐蚀严重；造渣剂分别选择了 CaO-CaF_2、CaF_2、CaO-SiO_2、SiO_2 等，多数造渣剂形成的熔渣渣金分离效果不好，使

用纯 CaF_2 造渣剂时，渣金分离效果最佳，但渣中氟化物含量高对后续的渣处理工序产生困难。此外，熔炼过程的氧化还原反应导致杂质进入合金中，需要进行进一步的精炼处理，降低这些元素含量，才能用作储氢合金生产的原料。

上述火法冶金方法具有流程短、环境友好、产品附加值高等优点，但与湿法冶金比较，研究工作不够系统和深入。

1.3 熔渣物理化学性质及其影响因素

熔渣是火法冶金过程中的必然产物，主要由原料中的氧化物或在冶金生成过程中产生的氧化物组成的冶金熔体，是一种由多组分组成的非常复杂的体系。不同的冶金熔渣所起的作用不同：

（1）冶炼渣（熔炼渣）是以矿石、精矿为冶炼原料，以粗金属、熔锍为产物的冶金过程中产生。主要作用为汇集冶炼原料中的脉石成分、灰分以及绝大部分的杂质，使冶炼原料与产物有效分离。

（2）精炼渣是粗金属精炼过程中的产物。主要作用为捕集粗金属中其他元素的氧化物，使之与所需金属有效分离。

（3）富集渣的主要作用为使冶炼原料中的有用成分富集在熔渣中，以便接下来的回收与有效利用。

（4）合成渣指为达到特定的冶炼目的、按特定组成成分预先配制好渣料，再将其升温熔化而成的熔渣，如重熔渣、炼钢时所用的炉外精炼渣。

本书所研究的含稀土氧化物的熔渣属于富集渣，在稀土氧化物富集过程中要求熔渣具有良好的熔化性能、流动性能和稳定性能，以使含稀土氧化物的熔渣与有价金属能够良好的分离，保证熔炼过程的顺利进行，而影响熔渣物理化学性质重要的因素为熔渣的熔化温度和黏度。

1.3.1 熔化温度及其影响因素

熔渣的熔化温度在理论上是相图中液相线的温度，或者是炉渣于受热升温的过程中，固相全部消失的最低温度。一般通过实验方法测定熔化温度，常用的方法有[50~52]：试样定量变形法（半球法）、淬火法、坩埚实验法、西格测温锥、熔融滴落试验、光学成像测量法、热丝法。淬火法相对准确，淬火法采用瞬间冷却高温状态下的渣样，然后通过显微镜来观察研究，确定熔渣的固态渣相，完全转变为均匀的液相时的温度即为熔化温度。对于合成渣，一般采取半球法，通过测定加热过程中固定尺寸的固体熔渣渣样的高度和其对应的温度，随着温度升高，当熔渣高度下降为原高度的一半时，此时对应的温度为半球点温度也就是熔渣的熔化温度。

冶金熔渣由复杂的多元系组成，其熔化温度随熔体成分的变化而变化。实际上多元熔渣的熔化温度仅仅为一个温度范围，并无确定的熔点可言[53]。熔化温度是选择冶炼过程中的冶炼工艺参数的重要参考对象，其数值大小可粗略由熔体相图来确定，或通过熔体熔化温度的有关实验来测定。从减少能耗、降低耐材损耗的角度来考虑，在条件允许的情况下，须尽量采用比较低的冶炼温度，因此要求冶金熔体应具有比较低的熔化温度。在稀土废料回收过程中，熔渣应具有合适的熔化温度，熔化温度过高，过分难熔，造成渣铁难分离，使渣金熔分过程难以进行。熔化温度过低，对造渣剂的含量要求很高，稀土含量相应减少，从而降低稀土的回收率。

冶金熔体的熔化温度取决于该熔体的化学组成及矿物组成，夏俊飞[54]通过测定熔渣升温过程中的差热分析曲线，并观察熔渣升温过程中发生的相变温度，研究了 CaO 和 SiO$_2$ 含量对 CaO-SiO$_2$-Al$_2$O$_3$-MgO 基熔渣熔化性能的影响。实验结果表明：随着渣中 SiO$_2$ 含量的增加，熔化过程的吸热峰向高温端移动；当 SiO$_2$ 含量相同时，随着渣中 CaO 含量的增加，熔渣的熔化温度降低；当 CaO 含量相同时，随着渣中 SiO$_2$ 含量的增加，熔渣的熔化温度升高，熔渣熔化区间也明显扩大。

1.3.2 黏度及其影响因素

任何金属的冶炼过程均要求熔体具有合适的流动性，这既关系到金属的冶炼过程是否能够顺利进行，而且对反应的速率、主金属的损耗、相关设备的使用寿命等都有巨大影响。

冶金熔体的流动性是指熔体运动时的熔体黏度的大小。黏度是单位速度梯度下，作用于平行的两液层间单位面积上的摩擦力[55]，实际上为熔体内各流体间的摩擦系数，摩擦系数数值的倒数即为熔体的流动性，黏度大则流动性小。黏度常用的测定方法有[56]：旋转法、扭摆法、毛细管法、落体法和平行板法等，以旋转法和扭摆法在冶金中最为常用，其中内柱体旋转法和柱体扭摆振动法应用最为广泛，前者适用于测量黏度较大的熔渣，而后者适用于测量黏度较小的熔盐和液态金属等。黏度既影响着渣金反应的反应速率又影响着熔渣传热、传质的能力，如高炉冶炼过程中要求熔渣的黏度适当，若黏度过大，对炉料的顺行不利，而且渣铁分离的效果不佳，渣与铁的反应速率下降；若黏度过小，则流动性大的熔渣易侵蚀炉衬，同时炉缸的温度也不容易升高，因此熔渣的黏度对金属的冶炼过程具有实际意义。

对于均相的液态熔渣而言，影响熔渣黏度的因素主要为熔渣的成分及熔渣的温度，但对于非均相状态下的熔渣，固态悬浮物的特性及数量对黏度有巨大的影响[57]。当温度下降到特定数值后，黏度急剧增大的熔渣称为"短渣"，而随着温度降低，熔渣黏度缓慢上升的熔渣则称为"长渣"[58]。碱性熔渣大多为"短渣"，酸性熔渣大多为"长渣"，高炉所用熔渣大部分为"短渣"。若出于某些特殊原因，液态熔渣中悬浮有固体颗粒，或因副反应生成了高熔点的固态物质，且该固态颗粒呈新相的高弥散度状态分布，将强烈地影响熔渣的黏度。随着温度的升高，使熔渣中具有黏流活化能的质点数量显著增多；同时，随着温度的升高，质点的热振动也会加强，并很可能伴随着质点的键分裂，络合离子解体，成为尺寸更小的流动质点，使熔渣的黏度降低。因此对于某一特定的熔渣而言，熔渣的黏度随着温度的降低而升高[59]。

熔渣碱度及熔渣中 MgO、FeO、MnO、B_2O_3、CaF_2 等物质对熔渣的黏度有重要的影响。经实验证实，当冶金熔渣碱度小于 1.2 时，冶金熔渣的炉渣黏度和熔化性温度都比较低；当冶金熔渣碱度不断增大时冶金熔渣的炉渣黏度和熔化性温度也会随之升高。其成因是由于碱性氧化物质量分数的升高，熔渣熔点也会随之变大，从而导致了黏度的升高，其次就是过多碱性氧化物会产生大量的颗粒状固体悬浮物质，也会使冶金熔渣黏度升高。

刘承军[60]指出在 $CaO-SiO_2-Na_2O-CaF_2-Al_2O_3$ 熔渣体系中，熔渣的黏流活化能随着熔渣的碱度、Na_2CO_3 和 CaF_2 含量的增大而降低。Al_2O_3 和 MgO 含量对该熔渣黏流活化能的影响与熔渣的碱度密切相关。在一定条件下，当碱度大约在 1.2 时，熔渣黏度最小；随着熔渣中 Na_2CO_3、CaF_2 含量的升高，熔渣的黏度降低；随着渣中 Al_2O_3 含量的增加，黏度升高。

为了更加直观地了解熔渣黏度与温度的关系特性（黏温特性），通过建立一种数学模型来预测熔渣的黏温特性，成为研究热点。H. Sakai，Y. Kita[61]利用熔渣组成和空间网格结构理论，提出了一种模型来预测熔渣的黏温特性，并将其应用到多种不同类型的熔渣（如稀土渣、高炉渣、煤渣和化学试剂合成渣等），预测结果显示，与大量高炉渣的实验数据吻合较好。J. Lee[62]基于硅酸盐熔体中氧原子的成键形式，即非桥接氧和游离氧离子，考虑熔体与网络结构的流动机理，提出了一种评价硅酸盐熔体黏度的模型。硅酸盐熔体具有一定的网络结构，熔体氧化物中的少数氧原子在高温下，会释放出一定比例的非桥接氧和游离氧离子，导致熔渣黏度降低，该模型可以重现二元体系中硅酸盐熔体的组成。

1.4 熔渣结晶析出技术研究概况

20 世纪 90 年代，针对我国独特的矿产资源特点，为实现冶金过程废矿、废渣中有价值元素的综合回收利用，隋智通[63~66]教授提出了"选择性析出技术"。其基本思路为：创造合适的理化条件，促使分散在众多矿相的有价元素在化学活度梯度力的驱动下，选择性地转移并富集于某一矿相中，完成"选择性富集"，再调节可以对其产生重要影响的因素，促进富集相长大。

结晶学的观点认为，温度降低或某种物质浓度增大的很快，就会产生数目众多的晶芽,大量的晶芽几乎同时长大,便形成数量繁多且尺寸微小的多晶体集合体。反之,缓慢冷却和较小的熔体浓度变化,则有利于晶体粒度的长大。如果冷却速率非常大,矿物则来不及形成结晶中心,很容易形成玻璃相[67]。聚合物结晶动力学的研究多采用 Avrami[68,69] 及 JMA 方程研究等温结晶过程和采用 Kissinger[70] 方法研究非等温结晶过程。

针对具有特色的攀钢冶金产物——含钛高炉渣,一些研究者研究了使炉渣中钛元素富集于钙钛矿相,并促使该矿相长大与其他元素分离的条件及影响因素。

李玉海[71]对含钛高炉渣中钙钛矿相的富集与析出行为进行了研究,探讨了添加剂的选择及其含量、温度对其影响规律,马俊伟[72]在这个基础上针对改性渣中钙钛矿相选择性分离进行了实验研究,提出一种重选与浮选相结合的全新方案;李辽沙[73]通过对合成渣的基础研究,给出了以下几个因素间的相互关系,熔渣的组成、性能、氧位、氧化速率、钛组分富集程度,这有力地支撑了攀钢高炉渣中钛有选择地进行富集的相关理论;王明玉[74]进一步针对现场渣展开了中试实验。以上研究表明:钙钛矿相为渣中钛元素的主要富集相,并且它的平均粒度可达 $35\mu m$ 以上,对选矿分离过程创造了极其有力的条件。

张力[75]研究设计了金红石相为钛元素的富钛相,使高钛渣中钛元素选择性析出,通过改变物理化学条件,将高钛渣中钛元素选择性依附并且聚集于此相,通过调节温度等热处理条件,推动该相富集和长大过程的进行。

张培善[76]针对硼镁渣就以下三方面进行了研究,通过调控熔渣组分,改变添加剂种类,选择合适的温度制度,成功地将硼渣中硼以遂安石($2MgO \cdot B_2O_3$)相析出。

含稀土的熔渣在缓冷过程中,稀土可形成结晶相优先析出,稀土在结晶析出相中显著富集,稀土结晶析出相主要为铈磷灰石和铈钙硅石两大类。铈磷灰石为六方晶系,Ca^{2+}、RE^{3+}阳离子与SiO_3^{3-}、PO_4^{3-}四面体形成链状结构。白云鄂博中贫氧化矿高炉冶炼得到的稀土富渣的结晶析出相为 $Ca_3Ce_2[(Si,P)O_4]_3F$[77,78],铈磷灰石型结晶析出相还有 $Ca_{2+x}Nd_{8-x}(SiO_4)_6O_{2-0.5x}$ [79]。马壮[80]针对 32%CaO-32%SiO_2-16%CeO_2-20%CaF_2 的熔渣体系,采用水淬法将 1500℃下充分熔融的熔渣,以 500℃/min 的速率冷却至 1000℃,保温 5min 后,水淬,熔渣取出后细磨至 200 目,水淬渣经 XRD 分析后表明其结晶析出相结构为 $Ca_2Ce_8(SiO_4)_6O_2$。

铈钙硅石的通式为 $xCaO \cdot yRE_2O_3 \cdot zSiO_2$,其结晶析出相有 $3CaO \cdot Ce_2O_3 \cdot 2SiO_2$[81]。李大纲[82]为了综合利用富稀土高炉渣,利用扫描电镜观察并配合能谱分析和 X 射线衍射分析研究了 RE_2O_3-CaO-SiO_2-CaF_2-MgO-Al_2O_3 系炉渣于 1400℃熔化并保温 30min,再以 1℃/min 的冷却速度凝固后的组织,结果表明,稀土优先析出,并富集于结晶析出相中,其结晶析出相的结构为铈钙硅石 $CaO \cdot RE_2O_3 \cdot 2SiO_2$。

　　高鹏[83]以白云鄂博矿为原料，进行煤基深度还原，还原后的物料经水淬冷却、烘干后，通过光扫描电子显微镜及能谱分析对还原矿的微观结构进行分析，并进行 XRD 结构分析，分析表明，铁矿物被还原为金属铁颗粒，并且以小颗粒向大颗粒聚集的方式长大，稀土矿物氟碳铈矿和独居石中的稀土以 $CaO \cdot 2Ce_2O_3 \cdot 3SiO_2$ 形态存在。

　　姜茂发[84]针对稀土处理钢用中间包覆盖剂，采用氧化镁坩埚在 1500℃，恒温 30min 使其熔化，然后随炉冷却，将冷却后的试样进行 XRD 分析，实验过程采用两种原料渣，其一为工业现场覆盖剂渣，其二为依据现场覆盖剂成分进行实验室自配渣。研究发现，稀土在覆盖剂中主要赋存状态是 $CaO \cdot 2La_2O_3 \cdot 3SiO_2$，随稀土氧化物含量增加，稀土富集相又增加了一相 $CaO \cdot La_2O_3 \cdot 2SiO_2$。

　　上述研究所涉及的熔渣体系中稀土含量（质量分数）为 10%~20%，熔渣中稀土可选择性富集于某一矿相中，对于稀土含量（质量分数）低至 5% 的熔渣，姜银举[85,86]采用直接还原—渣金熔分法对白云鄂博矿进行了处理，熔分渣通过 SEM-EDS 进行微观形貌及其组成分析，研究结果表明：海绵铁渣金熔分后的脉石大约在 1350℃ 形成的液态熔渣，液态熔渣中稀土元素在缓冷过程中显著富集，稀土以氧化物形态优先结晶析出，稀土富集区稀土氧化物的含量（质量分数）在 50% 左右。

　　含稀土氧化物熔渣结晶化合物多种多样，其稀土含量高低有别，稀土结晶富集率也各不相同，这与熔渣成分及其结晶化合物的稳定性相关。T. Elwert 等人[87]研究发现，添加少量 P_2O_5 至 Al_2O_3-CaO-MgO-SiO_2-RE_2O_3 渣系中，稀土结晶析出相由硅酸盐相转变为铈磷灰石相，结晶析出相稀土含量（质量分数）由 15% 提高到了 57%，且稀土结晶富集率也明显提高，表明铈磷灰石相具有更高的热力学稳定性。

　　将含稀土氧化物熔渣看作是一种人造矿物，与自然矿物相比，其优势在于熔渣中的稀土可"人工造矿"，即选择合适的熔渣的组成、冷却制度等结晶条件，实现稀土矿物的可控结晶。稀土熔渣结晶析出的研究现状尚处于起步阶段，缺乏稀土熔渣结晶析出过程的系统性及理论深度研究。

1.5　研究背景及内容

1.5.1　研究背景及意义

　　稀土在当今世界各行业发挥的重大作用越来越明显，我国虽是一个稀土大国，其工业储量占世界总储量的 70% 以上，但是稀土为不可再生资源，并且在采矿和新材料深加工过程中产生大量的废物，造成环境污染和资源浪费。经过近 20 年的发展，稀土永磁材料磁性能得到了很大的提高，产品从当时的 N30 发展至现在的 N48、N50，产量也得到了大幅度的提高。随着稀土永磁材料工业的发展，其生产过程中含稀土金属的废弃物也逐年增加，并且这些永磁材料最终随使用器件失效而成为废料。如果能充分利用这些废料，从中提取稀土等贵重产品，变废为宝，将会对我国稀土矿产资源保护、减少环境污染、降低企业成本等具有积极意义。这符合国家发展循环经济的产业政策，意义重大且前景广阔。

传统的稀土回收方法在回收稀土时造成其他有价元素如铁、钴、镍、硼元素的浪费，无法实现综合回收，并且容易造成水污染，加之实验流程长，成本高，难于实现规模化生产。如硫酸—复盐沉淀工艺，溶解时 Fe 全部转化为硫酸亚铁，在回收稀土时造成铁元素的浪费，更造成水污染；盐酸溶解—萃取工艺，易于实现规模化生产，但草酸或碳铵沉淀洗涤废水污染较大，且采用氨水为皂化剂，使废水中氨氮浓度很高，造成水污染。

本书以钕铁硼永磁材料废料和镍氢电池电极废料为研究对象，废料中的金属元素分为活性金属与惰性金属两类，RE、Al、Mn 等为活性金属，而 Fe、Ni、Co 则为相对惰性的金属，通过 H_2 选择性还原处理，可使废料中元素的化学状态发生变化，活性元素转化为氧化物状态，惰性元素则为单质状态；H_2 选择性还原处理的物料配加造渣剂（SiO_2、Al_2O_3）进行渣金熔分，可得到 Fe-Co、Ni-Co 合金和稀土氧化物熔渣。Fe、Ni、Co 化学活性低，渣金熔分过程具备以下优点：有效地解决了刚玉坩埚腐蚀问题；渣金间不存在化学反应，避免了反应引入杂质；有利于熔渣组分的选择。本书提出了稀土废料火法—湿法联合回收的新方法，采用 H_2 选择性还原—渣金熔分法得到高纯合金和 REO-SiO_2-Al_2O_3 熔渣，采用浸出—净化—沉淀方法从熔渣中提取稀土，其关键问题是稀土冶金过程物理化学问题，与其他金属冶金过程相比，相对薄弱，有必要大力加强。通过本书的研究，将为稀土废料高效综合回收提供理论支持和科学依据，在环境保护及稀土、镍和钴二次资源的再利用方面具有重要的科学意义。

1.5.2　研究内容

本书分别以钕铁硼永磁材料、镍氢电池两种稀土废料为原料，其工艺流程如图 1-11 所示。

火法部分的研究内容包括：

（1）通过稀土废料 H_2 选择性还原实验，研究废料中的活性金属和惰性金属赋存状态的变化规律，确定合适的选择性还原工艺条件。

（2）为了寻找合适熔渣体系的组成范围，以保证渣金熔分过程的顺利进行，本书以纯试剂为原料，进行渣系配制，系统研究 REO-SiO_2-Al_2O_3 基熔渣体系的物理化学性质，以确定适宜的熔渣体系组成。

（3）在上述熔渣体系组成范围内，选取合适的熔渣体系，进行熔渣中稀土

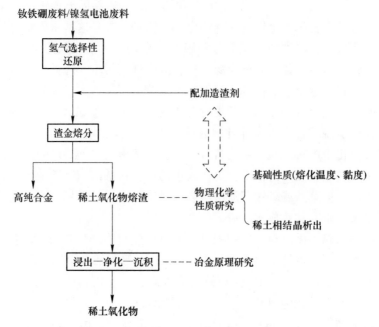

图 1-11 火法-湿法联合回收钕铁硼和镍氢电池两种废料中有价元素的工艺流程图

物相结晶析出规律的研究,以探明熔渣中稀土相析出规律、微观形貌及组成。

(4)将 H_2 选择性还原得到的物料进行渣金熔分,系统研究渣金熔分过程的基本规律,以及熔分渣的物理化学特性,以确定适合于湿法从中提取稀土的熔渣组成范围。

湿法部分的研究内容包括:以 H_2 选择性还原—渣金熔分法得到的性质优良的稀土熔渣为原料,进行湿法从中提取稀土,研究熔渣浸出—净化—沉淀过程的冶金原理。

2 H₂ 选择性火法还原钕铁硼和镍氢电池两种废料的研究

稀土废料湿法回收方法，稀土回收率高，但未实现其他有价元素的协同回收，酸碱使用量大、环保负担重；火法回收方法具有回收工艺流程短、回收得到的产品附加值高的优点，但与废料湿法回收相比，火法回收法研究不够系统和深入。火法回收方法早期的研究目标是以获得合金为主，如 Ni-Fe 合金法、储氢合金再生法，此方法未实现其他有价元素的协同回收。此后的火法回收方法着眼点在于稀土的回收，其中熔渣法成为研究的热点，先将高活性的稀土富集在熔渣中，然后再从熔渣中回收稀土，但由于熔炼过程中坩埚、造渣剂等问题没有得到良好的解决，坩埚腐蚀严重，渣金分离不好。

本书提出了火法—湿法联合回收的新方法，针对钕铁硼永磁材料和镍氢电池电极材料两种稀土废料，采用 H₂ 选择性还原—渣金熔分法得到高纯合金和 REO-SiO₂-Al₂O₃ 基熔渣，然后采用湿法冶金法从熔渣中提取稀土。本章首先从热力学角度分析了钕铁硼废料和镍氢电池废料在 H₂ 选择性还原过程中活性金属和惰性金属赋存状态的变化规律，进而开展两种废料 H₂ 选择性还原的实验，系统地研究了 H₂ 在不同温度、不同反应时间下还原稀土废料的情况，并进行了还原过程的动力学分析，确定过程的限制性环节。

2.1 H₂ 选择性还原钕铁硼和镍氢电池两种废料的热力学分析

钕铁硼废料中活性元素主要为 Pr、Nd、Al、B，惰性元素主要为 Fe、Co；而镍氢电池废料中的活性元素主要为 La、Ce、Al、Mn，惰性元素主要为 Ni、Co；两种废料中的活性元素 La、Ce、Pr、Nd、Al、Mn、B 极易被氧化剂（如 H₂O）氧化，生成所对应的氧化物，而惰性元素 Fe、Ni、Co，则极易被还原剂（如 H₂）还原成单质。故废料中各元素在控制反应气氛的条件下，可得到活性金属氧化物与惰性金属单质的混合物。

本节针对钕铁硼废料、镍氢电池废料中的主要元素在 H₂ 还原过程中所涉及的反应进行热力学理论分析，计算反应的平衡气相成分，判断能使反应进行，还原气浓度所需的控制条件。

2.1.1 标准状态下热力学分析

稀土废料中惰性元素 Fe、Ni、Co 和活性元素 Al、Mn、B、La、Nd 分别和

1mol O_2 反应时的 $\Delta G^{\ominus}$-T 的关系数据如表 2-1 所示[88,89]。

表 2-1　稀土废料中惰性元素和活性元素分别和 1mol O_2 反应的 $\Delta G^{\ominus}$-T 的关系式

序号	化 学 反 应	$\Delta G^{\ominus}$ = A+BT/J·mol^{-1}	温度范围/℃
A	$2H_2(g)+O_2(g)=2H_2O(g)$	$\Delta G^{\ominus}=-495000+111.72T$	25~2000
B_1	$2Fe(s)+O_2(g)=2FeO(s)$	$\Delta G^{\ominus}=-528000+129.18T$	25~1377
B_2	$3/2Fe(s)+O_2(g)=1/2Fe_3O_4(s)$	$\Delta G^{\ominus}=-551560+153.69T$	25~1597
B_3	$4/3Fe(s)+O_2(g)=2/3Fe_2O_3(s)$	$\Delta G^{\ominus}=-543349+167.41T$	25~1462
B_4	$2Co(s)+O_2(g)=2CoO(s)$	$\Delta G^{\ominus}=-491200+157.32T$	25~1495
B_5	$2Ni(s)+O_2(g)=2NiO(s)$	$\Delta G^{\ominus}=-464900+167.80T$	25~1453
B_6	$2Mn(s)+O_2(g)=2MnO(s)$	$\Delta G^{\ominus}=-770720+147.50T$	25~1127
B_7	$4/3B(s)+O_2(g)=2/3B_2O_3(l)$	$\Delta G^{\ominus}=-819200+140.03T$	450~2043
B_8	$4/3Al(l)+O_2(g)=2/3Al_2O_3(s)$	$\Delta G^{\ominus}=-1121933+215.49T$	660~2042
B_9	$4/3La(s)+O_2(g)=2/3La_2O_3(s)$	$\Delta G^{\ominus}=-1191067+185.52T$	25~920
B_{10}	$4/3Nd(s)+O_2(g)=2/3Nd_2O_3(s)$	$\Delta G^{\ominus}=-1206080+197.06T$	—

利用表 2-1 中的 A 反应式分别和 B_1~B_{10} 反应式进行线性组合即可得到 H_2 还原各氧化物的化学反应方程式和所对应的 $\Delta G^{\ominus}$=A+BT 表达式，如 C_1 反应式及对应 $\Delta G^{\ominus}$ 表达式是由反应式（A_1-B_1）/2 得到。H_2 选择性还原稀土废料中各元素氧化物的热力学数据如表 2-2 所示。

表 2-2　H_2 选择性还原稀土废料中各氧化物的热力学数据表

序号	化 学 反 应	$\Delta G^{\ominus}$ = A+BT/J·mol^{-1}
C_1	$FeO(s)+H_2(g)=Fe(s)+H_2O(g)$	$\Delta G^{\ominus}=16500-8.73T$
C_2	$1/4Fe_3O_4(s)+H_2(g)=3/4Fe(s)+H_2O(g)$	$\Delta G^{\ominus}=28280-20.99T$
C_3	$1/3Fe_2O_3(s)+H_2(g)=2/3Fe(s)+H_2O(g)$	$\Delta G^{\ominus}=24175-27.85T$
C_4	$CoO(s)+H_2(g)=Co(s)+H_2O(g)$	$\Delta G^{\ominus}=-1900-22.80T$
C_5	$NiO(s)+H_2(g)=Ni(s)+H_2O(g)$	$\Delta G^{\ominus}=-15050-28.04T$
C_6	$MnO(s)+H_2(g)=Mn(s)+H_2O(g)$	$\Delta G^{\ominus}=137860-17.89T$
C_7	$1/3B_2O_3(l)+H_2(g)=2/3B(s)+H_2O(g)$	$\Delta G^{\ominus}=162100-14.16T$
C_8	$1/3Al_2O_3(s)+H_2(g)=2/3Al(l)+H_2O(g)$	$\Delta G^{\ominus}=313467-51.89T$
C_9	$1/3La_2O_3(s)+H_2(g)=2/3La(s)+H_2O(g)$	$\Delta G^{\ominus}=348034-36.90T$
C_{10}	$1/3Nd_2O_3(s)+H_2(g)=2/3Nd(s)+H_2O(g)$	$\Delta G^{\ominus}=355540-42.67T$

冶金过程热力学研究内容之一为判断反应的方向性或可能性，H_2 还原稀土

废料可近似看作是在恒温恒压下进行，因此可以用范德霍夫等温方程来判断反应的方向性或可能性：

$$\Delta G = \Delta G^{\ominus} + TR\ln J \qquad (2\text{-}1)$$

由式（2-1）可知，对于一个化学反应，在某一温度时，已知气相分压和凝聚相活度，即可计算得到 ΔG，ΔG 负值越大，化学反应正向发生的趋势就越大，若 ΔG 大于零则反应不能正向进行。

在标准状态下进行的化学反应，气相分压为 1.01×10^5 Pa，凝聚相活度为 1，此时式（2-1）为：$\Delta G = \Delta G^{\ominus}$，即在标准状态下可用化学反应标准吉布斯自由能变化判断反应的方向性。

对于表 2-2 的化学反应，由 $\Delta G^{\ominus} = A + BT$ 表达式，可计算不同温度下的 $\Delta G^{\ominus}$，以温度 T 为横坐标，$\Delta G^{\ominus}$ 为纵坐标作图，其结果如图 1-1 所示。对于镍氢电池废料主要的活性元素有 Al、Mn 和 RE，惰性元素有 Ni 和 Co，且这两种元素以低价氧化物的形态参与 H₂ 的还原过程；而对于钕铁硼废料主要的活性元素有 B、RE 和少量的 Al，惰性元素有 Fe 和 Co，废料中铁主要以 Fe₂O₃ 的形态存在，有极少量的低价铁氧化物，钴以低价的 CoO 形态存在。

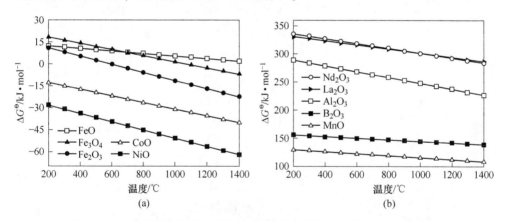

图 2-1 H₂ 还原惰性元素和活性元素氧化物标准状态下的 $\Delta G^{\ominus}$-T 关系图
（a）惰性元素；（b）活性元素

图 2-1 表明，随温度升高，反应的 $\Delta G^{\ominus}$ 降低，升高温度有利于反应正向发生。在实验温度（650~800℃）下，NiO 和 CoO 被 H₂ 还原的 $\Delta G^{\ominus}$ 均小于零，且 CoO 被 H₂ 还原的 $\Delta G^{\ominus}$ 更小；对于铁的不同价氧化物，在 650~800℃下，FeO 和 Fe₃O₄ 被 H₂ 还原的 $\Delta G^{\ominus}$ 均大于零；Fe₂O₃ 的还原，当温度大于 600℃ 时，$\Delta G^{\ominus}$ 小于零。因此，在标准状态下，在实验温度范围内，Fe₂O₃、NiO 和 CoO 被 H₂ 还原的 $\Delta G^{\ominus}$ 均小于零，都可以被 H₂ 还原，还原顺序由易到难为：NiO、CoO、Fe₂O₃。对于活性元素金属氧化物被 H₂ 还原的 $\Delta G^{\ominus}$ 在实验温度下均大于零，说明标准状

态下，这些氧化物都不能被 H_2 还原，被 H_2 还原的难易程度，由易到难为：MnO、B_2O_3、Al_2O_3、La_2O_3、Nd_2O_3。

2.1.2 非标准状态下热力学分析

对于非标准状态下的热力学分析，可采用范德霍夫等温方程，即式（2-1）：

$$\Delta G = \Delta G^{\ominus} + RT\ln J$$

$$= \Delta G^{\ominus} + RT\ln \frac{p_{H_2O}/p^{\ominus}}{p_{H_2}/p^{\ominus}} \tag{2-2}$$

$$= \Delta G^{\ominus} + RT\ln \frac{p_{H_2O}}{p_{H_2}}$$

标准状态下的热力学分析表明：FeO 在实验温度范围内不能被 H_2 还原，但由图 2-1 可以发现，此线在零点线以上但离零点线不远，由式（2-2）可知，在总压为 $1.01×10^5Pa$ 不变的情况下，如果能降低 H_2O 分压或提高 H_2 的分压，都能使 p_{H_2O}/p_{H_2} 降低，从而使 ΔG 降低，当 ΔG 小于零时反应即可发生。

若反应达平衡，即可计算得到气相平衡分压。令 $\Delta G=0$，式（2-2）可变为：

$$\Delta G^{\ominus} = RT\ln \frac{p_{H_2O}}{p_{H_2}}$$

$$= RT\ln \frac{\varphi(H_2O)}{\varphi(H_2)} \tag{2-3}$$

$$\ln \frac{\varphi(H_2O)}{\varphi(H_2)} = -\frac{\Delta G^{\ominus}}{RT} \tag{2-4}$$

$$\frac{\varphi(H_2O)}{\varphi(H_2)} = \exp\left(-\frac{\Delta G^{\ominus}}{RT}\right) \tag{2-5}$$

$$\varphi(H_2O) + \varphi(H_2) = 1 \tag{2-6}$$

由式（2-5）和式（2-6）可得：

$$\varphi(H_2) = \frac{1}{\exp\left(\dfrac{\Delta G^{\ominus}}{RT}\right) + 1} \tag{2-7}$$

式（2-7）即为化学反应达到平衡时，气相中 H_2 的平衡浓度（此浓度为体积百分数浓度），只要实际反应体系中气相 H_2 的浓度大于 H_2 的平衡浓度，H_2 还原反应即可发生。不同温度下，活性金属氧化物和惰性金属氧化物被 H_2 还原时，气相中 H_2 的平衡浓度数据如图 2-2 和表 2-3 所示。

由图 2-2 可知，铁的不同氧化物，随着温度升高，平衡 H_2 浓度降低，说明升高温度更有利于反应的进行，在 800℃ 时，高价氧化物 Fe_2O_3 的还原需要的平

衡 H_2 浓度最低，而低价氧化物 FeO 需要的最高，Fe_3O_4 介于二者之间，故 FeO 在三者中最难被 H_2 还原；Ni 和 Co 的氧化物随温度升高，平衡 H_2 浓度有所升高；对于图 2-2 所示的五种惰性金属氧化物，Ni 和 Co 平衡 H_2 浓度较低，故 Ni 和 Co 金属氧化物容易被 H_2 还原。

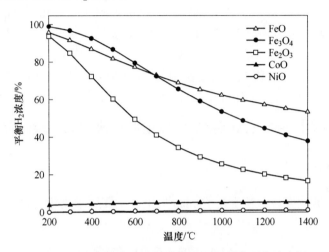

图 2-2　不同温度下 H_2 还原惰性金属氧化物平衡浓度图

表 2-3　活性金属/氧化物在不同温度下的平衡 H_2 浓度表　　　　（%）

温度/℃	MnO/Mn	B_2O_3/ B	Al_2O_3/Al	La_2O_3/La	Nd_2O_3/Nd
200	100.00	100.00	100.00	100.00	100.00
300	100.00	100.00	100.00	100.00	100.00
400	100.00	100.00	100.00	100.00	100.00
500	100.00	100.00	100.00	100.00	100.00
600	100.00	100.00	100.00	100.00	100.00
700	100.00	100.00	100.00	100.00	100.00
800	100.00	100.00	100.00	100.00	100.00
900	100.00	100.00	100.00	100.00	100.00
1000	100.00	100.00	100.00	100.00	100.00
1100	100.00	100.00	100.00	100.00	100.00
1200	99.99	100.00	100.00	100.00	100.00
1300	99.98	100.00	100.00	100.00	100.00
1400	99.96	100.00	100.00	100.00	100.00

H_2 还原镍氢电池废料，在实验温度 650～800℃下，NiO/Ni、CoO/Co 的平衡

H₂ 浓度分别为 0.48% ~ 0.63% 和 4.79% ~ 4.95%，而 Al_2O_3/Al、MnO/Mn、La_2O_3/La、Nd_2O_3/Nd 的平衡 H₂ 浓度为 100%，如表 2-3 所示。因此，只要控制 H₂ 浓度在 4.95%~100%之间，Al、Mn、RE 就会处于氧化物状态，而 Ni、Co 则处于单质状态。

H₂ 还原钕铁硼废料，在实验温度 650 ~ 800℃ 下，FeO/Fe、Fe_3O_4/Fe、Fe_2O_3/Fe、CoO/Co 的平衡 H₂ 浓度分别 75.03% ~ 68.99%、76.14% ~ 65.60%、45.03%~34.53%、4.79%~4.95%，而 Al_2O_3/Al、B_2O_3/B、La_2O_3/La、Nd_2O_3/Nd 的平衡 H₂ 浓度为 100%。因此，只要控制 H₂ 浓度在 76.14%~100%之间，Al、B、RE 就会处于氧化物状态，而 Fe、Co 则处于单质状态。

2.2　H₂ 选择性还原钕铁硼和镍氢电池两种废料的实验研究

2.2.1　实验原料

某公司钕铁硼废料，粒度 0.150mm 以下，主要化学成分见表 2-4，XRD 结构分析如图 2-3 所示。

表 2-4　钕铁硼废料化学成分

元　素	TFe	TRE	Nd	Pr	Gd	Dy	Co	B
含量(质量分数)/%	47.87	29.65	20.16	6.22	1.64	1.61	0.55	1.00

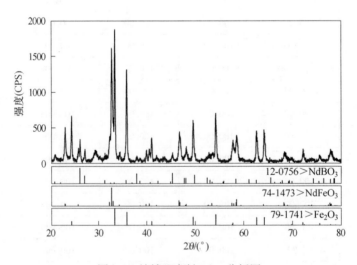

图 2-3　钕铁硼废料 XRD 分析图

某公司镍氢电池电极废料混合物料（质量比为，正极：负极 =1：1.25），粒度 0.150mm 以下，主要化学成分列于表 2-5，XRD 结构分析如图 2-4 所示。

表 2-5 镍氢电池废料混合物料化学成分

元 素	TRE	La	Ce	Pr	Nd	Ni	Co	Mn	Al
含量(质量分数)/%	16.10	10.29	4.23	0.42	1.15	49.20	6.72	2.25	0.87

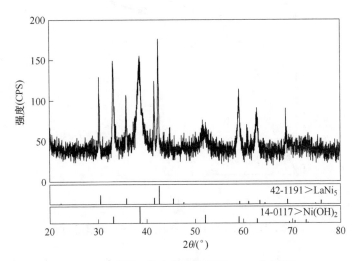

图 2-4 镍氢电池废料混合物料 XRD 分析图

2.2.2 实验过程

实验分别进行了钕铁硼废料和镍氢电池废料在一定温度和时间下，H₂ 选择性还原实验，其实验过程如下：

取一定质量的稀土废料（对于镍氢电池废料，分别取正负极废料粉按质量比为 1∶1.25 配成混合料粉），利用球磨机充分混匀，用压块机将混合料压实，称量，装入镍料盘，将镍料盘送入真空特种气氛炉的工作炉膛内，密闭炉体，抽真空至 10Pa 以下。通入 Ar 气（纯度大于 99.995%），在 Ar 气保护下升温至 400℃，升温速度为 10℃/min，然后切换为 H₂ 气氛，H₂ 气流量为 0.15m³/h，以 10℃/min 的升温速度升温到指定温度，开始保温，保温结束后，再切换为 Ar 气，在 Ar 气保护下降温。出炉后，称量物料质量，根据反应前后物料的失重质量计算反应过程失重率 α，采用化学分析法进行化学成分分析，采用 X 射线衍射法进行结构分析。

$$\alpha = \frac{\text{反应前物料的质量(g)} - \text{反应后物料的质量(g)}}{\text{反应前物料的质量(g)}} \times 100\% \qquad (2\text{-}8)$$

2.2.3 H₂ 选择性还原钕铁硼废料

图 2-5 为钕铁硼废料在 650℃、700℃、750℃和 800℃温度下，分别被 H₂ 选

择性还原 0.25h、0.5h、0.75h、1h、1.25h、1.5h、1.75h、2h 时，物料失重率和时间的关系曲线图。

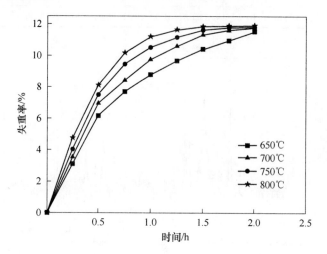

图 2-5　钕铁硼废料 H₂ 选择性还原物料失重率曲线

图 2-5 表明：当温度不变时，失重率（质量分数）随反应时间的延长而增大；当时间一定时，随反应温度升高，失重率增大，在 800℃ 时，反应时间在 1.5h 以内，失重率呈快速递增的趋势，1.5h 以后反应基本完全，化学反应达到了平衡，失重率几乎不变。

钕铁硼废料在 800℃，反应 2h 后的产物进行 XRD 分析，结果如图 2-6 所示，还原产物主要为 Fe，此外还有 $NdBO_3$ 和 $NdFeO_3$。

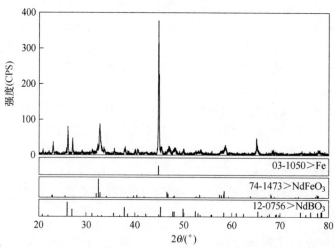

图 2-6　钕铁硼废料 800℃ 还原 2h 后产物 XRD 分析图

化学成分分析结果见表 2-6，还原后 TFe 和 Co 含量之和达到 50.00%，TREO 为 37.65%。

表 2-6 钕铁硼废料 800℃还原 2h 后产物的化学成分表

成　分	TFe	Co	TREO	Nd_2O_3	Pr_4O_7	B_2O_3
含量(质量分数)/%	49.38	0.62	37.65	26.62	7.91	2.53

2.2.4 H₂ 选择性还原镍氢电池废料

实验使用的镍氢电池废料混合物正极以球形的 $Ni(OH)_2$ 为主，负极主要成分为 AB_5 型合金。对镍氢电池废料进行氩气气氛下的差热-热重分析，其结果如图 2-7 所示。

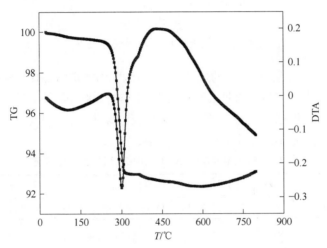

图 2-7 镍氢电池废料混合物的 TG-DTA 图

由图 2-7 可知，废料在温度为 249.9℃开始有失重现象，同时进行化学反应，该反应为吸热反应，结束温度为 299.9℃，此过程发生的主要化学反应为球形氢氧化镍的分解反应。废料在温度为 300~800℃之间，未见明显的吸放热峰，没有发生化学反应。分解反应化学反应为：

$$Ni(OH)_2 \xlongequal{\quad\quad} NiO + H_2O \tag{2-9}$$

图 2-8 为反应温度分别为 650℃、700℃、750℃和 800℃时，废料粉分别被 H₂ 选择性还原时，物料失重率和时间的关系曲线图。由图 2-8 可以看出，当温度不变时，失重率随反应时间的延长而增大；当时间一定时，随反应温度升高，失重率增大，在 800℃时，反应时间在 1.5h 以内，失重率呈快速递增的趋势，1.5h 以后反应基本完全，化学反应达到了平衡，失重率几乎不变，随着温度提高，反应速度显著增加。而 $Ni(OH)_2$ 的分解温度在 249.9~299.9℃之间，因此

恒温过程发生的是 NiO 的还原反应以及 AB$_5$ 型合金中稀土元素的氧化反应。

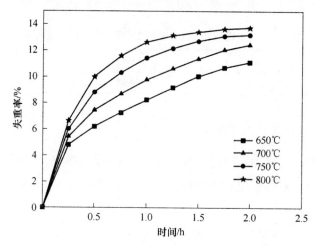

图 2-8　镍氢电池废料 H$_2$ 选择性还原失重率曲线

废料粉在 800℃反应 2h 后的选择性还原所得产物进行 XRD 分析，结果如图 2-9 所示，化学成分分析结果见表 2-7。图 2-9 表明 800℃条件下反应 2h 选择性还原产物主要为 Ni 和 Co，此外还有 La$_{10}$Al$_4$O$_{21}$ 和 LaAlO$_3$。而由表 2-7 可知，Ni 和 Co 含量之和达到 65.07%，TREO 为 22.14%。

表 2-7　镍氢电池废料 800℃还原 2h 后产物化学成分

成　分	Ni	Co	TREO	La$_2$O$_3$	CeO$_2$	Pr$_6$O$_{11}$	Nd$_2$O$_3$	MnO	Al$_2$O$_3$
含量(质量分数)/%	57.25	7.82	22.14	14.15	5.82	0.58	1.58	3.37	1.19

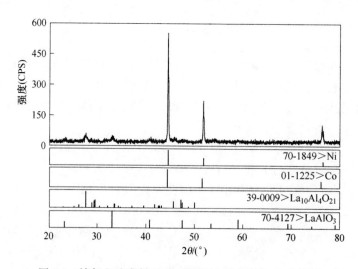

图 2-9　镍氢电池废料 800℃还原 2h 后产物 XRD 分析图

2.3 H₂ 选择性还原钕铁硼和镍氢电池两种废料的动力学分析

钕铁硼废料和镍氢电池废料 H_2 选择性还原属于气—固相多相反应，对于气—固相多相反应，学者们提出了不同种类的数学模型，如层状模型、准均相模型、未反应核模型、微粒模型等，其中应用最为广泛的是未反应核模型。

未反应核模型是基于以下几点假设建立的[90]：

（1）气—固反应的一般反应式如下，且反应总过程达到了准稳态：

$$A(g) + bB(s) \Longrightarrow gG(g) + sS(s) \tag{2-10}$$

（2）气—固相反应发生在两相界面上，且反应物 B 是无孔隙的或致密的固相，整个反应具有界面化学反应的基本特征。

（3）气体物质在固体产物层中的扩散是低浓度下发生的扩散，为等摩尔逆流扩散，忽略因体积变化引起的体积流率。

气—固反应由以下步骤组成：

（1）气体反应物 A 通过气相边界层扩散到固体反应物表面，即外扩散。

（2）气体反应物通过多孔的产物层扩散到气—固两相界面，即内扩散。

（3）气体反应物 A 在两相界面与固体反应物 B 发生化学反应，生成气体产物 G 和固体产物 S。本步骤由气体反应物 A 的吸附、界面化学反应、气体生成物 G 的解吸组成。

（4）气体产物 G 通过多孔的产物层扩散到多孔层的表面，即内扩散。

（5）气体产物通过气相边界层的扩散，即外扩散。

钕铁硼废料和镍氢电池废料 H_2 选择性还原过程由外扩散、内扩散和界面化学反应三个环节组成，其中速度最慢的环节为整个过程的限制性环节或控速步骤。H_2 选择性还原过程在纯氢气、定流量的条件下进行的，H_2 的流量为 $0.15m^3/h$，研究表明[91]：当气体流速大于等于 $0.05m^3/h$ 时，气体外扩散阻力可忽略不计，本实验中气体流速远大于 $0.05m^3/h$，故还原过程的控速环节可简化为内扩散和界面化学反应。

由 2.1 节的热力学分析可知，钕铁硼废料和镍氢电池废料在纯氢气下进行还原实验，废料中的惰性元素形成的氧化物 FeO、CoO、NiO 被还原为单质。其反应过程的动力学方程可表示为[92,93]：

$$\frac{d\alpha}{dt} = kf(\alpha) \tag{2-11}$$

反应速率常数 k 与温度 T 的关系可由 Arrhenius 方程表示[94]：

$$k = A\exp\left(-\frac{E}{RT}\right) \tag{2-12}$$

将式（2-12）代入式（2-11），可得式（2-13）：

$$\frac{d\alpha}{dt} = A\exp\left(-\frac{E}{RT}\right)f(\alpha) \tag{2-13}$$

式中　α——反应分数或失重率，%；

　　　t——反应时间，s；

　　　A——指数前因子，s^{-1}；

　　　E——表观活化能，J/mol；

　　　R——气体常数，J/(mol·K)；

　　　T——反应温度，K；

　$f(\alpha)$——动力学机理函数，其积分式为 $g(\alpha)$。

　　方程式 (2-13) 分别对 α 和 t 积分，可得积分方程：

$$g(\alpha) = A\exp\left(-\frac{E}{RT}\right)t \tag{2-14}$$

　　由于稀土废料在 H$_2$ 还原过程中保持温度不变，还原过程为等温过程，故采用 lnln 等温热分析法进行动力学分析[95,96]。lnln 等温热分析法的基本原理为：利用 Avrami-Erofeev 图的直线斜率 m 来确定 $g(\alpha)$，从而求得对应反应条件下的速率常数 k，再由 Arrhenius 公式确定化学反应表观活化能 E，进而判断反应控速环节。

　　Avrami-Erofeev 公式为式 (2-15)：

$$1 - \alpha = \exp(-kt^m) \tag{2-15}$$

　　两边取对数：

$$\ln[-\ln(1-\alpha)] = m\ln t + \ln k \tag{2-16}$$

　　作 $\ln[-\ln(1-\alpha)]$-$\ln t$ 图，其直线的斜率为 m，根据动力学机理函数所对应的 m 值判断反应的 $g(\alpha)$，常用的动力学机理函数微分式 $f(\alpha)$ 和积分式 $g(\alpha)$ 如表 2-8 所示[97]。

表 2-8　常用的动力学机理函数微分式 $f(\alpha)$ 及其积分式 $g(\alpha)$

序号	微分式 $f(\alpha)$	积分式 $g(\alpha)$	m
1	$\frac{3}{2}[1-(1-\alpha)^{1/3}]^{-1}(1-\alpha)^{2/3}$	$[1-(1-\alpha)^{1/3}]^2$	0.54
2	$\frac{3}{2}[(1-\alpha)^{1/3}-1]^{-1}$	$(1-\frac{2}{3}\alpha)-(1-\alpha)^{2/3}$	0.57
3	$1-\alpha$	$-\ln(1-\alpha)$	1.00
4	$3(1-\alpha)^{2/3}$	$1-(1-\alpha)^{1/3}$	1.07
5	$2(1-\alpha)^{1/2}$	$1-(1-\alpha)^{1/2}$	1.11
6	$2[-\ln(1-\alpha)]^{1/2}(1-\alpha)$	$[-\ln(1-\alpha)]^{1/2}$	2.00
7	$3[-\ln(1-\alpha)]^{2/3}(1-\alpha)$	$[-\ln(1-\alpha)]^{1/3}$	3.00

2.3.1 H$_2$ 选择性还原钕铁硼废料的动力学分析

在不同温度下，H$_2$ 还原钕铁硼废料，其反应时间 t 和失重率 α 的实验数据如图 2-5 所示，图 2-5 的数据表明，当反应温度大于等于 700℃，反应时间大于 1.5h 时，还原过程的失重率变化很小，说明反应时间大于 1.5h 以后，化学反应基本达到了平衡，失重率接近理论失重率，故进行动力学分析时，选用时间段为：0~1.5h。以 $\ln[-\ln(1-\alpha)]$ 为纵坐标，$\ln t$ 为横坐标，利用最小二乘法进行数据拟合，其结果如表 2-9 所示。

表 2-9 H$_2$ 还原钕铁硼废料不同反应温度下的 m 及相关系数 r

反应温度/℃	线性方程	m	r
650	$y = 0.6797x - 7.9703$	0.6797	0.9535
700	$y = 0.6562x - 7.6778$	0.6562	0.9490
750	$y = 0.6051x - 7.1902$	0.6051	0.9320
800	$y = 0.5313x - 6.5294$	0.5313	0.9059

由表 2-9 可知，四个温度点下，可得到四条直线，对应四个直线斜率 m，计算其平均值 $m = 0.62$，根据表 2-8，可看出最为接近的动力学机理函数积分式 $g(\alpha)$ 为 $m = 0.57$ 时，其动力学方程可表示为：

$$\left(1 - \frac{2}{3}\alpha\right) - (1-\alpha)^{2/3} = kt \tag{2-17}$$

利用上述方程式（2-17），将图 2-5 中不同反应温度下，反应时间 t 和失重率 α 的数据带入上式，以 $\left[\left(1 - \frac{2}{3}\alpha\right) - (1-\alpha)^{2/3}\right] \times 10^{-4}$ 为纵坐标，$t \times 10^2$ 为横坐标，利用最小二乘法进行数据拟合，其拟合结果见表 2-10，拟合曲线如图 2-10 所示。

表 2-10 H$_2$ 还原钕铁硼废料不同反应温度下的速率常数 k 及相关系数 r

反应温度/℃	线性方程	k	r
650	$y = 0.2521x - 0.4851$	2.5210×10^{-7}	0.9839
700	$y = 0.2968x - 0.2946$	2.9683×10^{-7}	0.9773
750	$y = 0.3064x + 0.6910$	3.0635×10^{-7}	0.9291
800	$y = 0.3074x + 1.8562$	3.0743×10^{-7}	0.8755

由表 2-10 可以看出，反应温度为 650℃、700℃、750℃下，速率常数 k 值，其相关系数 r 都大于 0.9，特别是 650℃和 700℃两个温度下，相关系数 r 均大于

0.97，说明所选的动力学方程符合程度较高，而 800℃时，其相关系数较低，这主要是因为反应温度为 800℃时，反应温度较高，化学反应速率较快。由图 2-5 可知，在反应为 1.25h 以后，反应过程的失重率变化较小，说明 1.25h 以后，化学反应基本达到了平衡。为了更准确地描述整个过程的动力学特征，计算化学反应表观活化能 E 时，取还原过程为 650~750℃温度段并计算表观活化能 E，其结果如图 2-11 所示。由图 2-11 可以看出，反应温度在 650~750℃之间，表观活化能为 15.46kJ/mol。当 E 为 8~20 kJ/mol 时，扩散为限制性环节；20~40kJ/mol 时，反应过程为混合控制；40~300 kJ/mol 时，界面化学反应为限制环节[98]。可以推断，在反应温度为 650~750℃之间，H$_2$ 还原钕铁硼废料扩散为限制性环节。

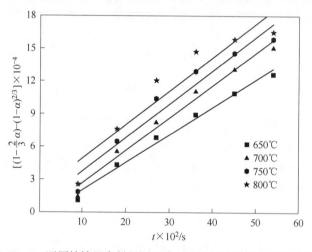

图 2-10　H$_2$ 还原钕铁硼废料不同温度下反应速率常数 k 的拟合曲线

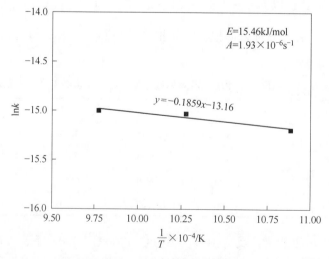

图 2-11　650~750℃条件下 H$_2$ 还原钕铁硼废料表观活化能 E 拟合曲线

2.3.2 H$_2$选择性还原镍氢电池废料的动力学分析

H$_2$还原镍氢电池废料，在不同温度下，不同反应时间 t 和失重率 α 的实验数据如图 2-9 所示，当反应温度大于 750℃，反应时间大于 1.5h 时，还原过程的失重率变化很小，化学反应基本达到了平衡，故进行动力学分析时，选用时间段为：0~1.5h。以 $\ln[-\ln(1-\alpha)]$ 为纵坐标，$\ln t$ 为横坐标，利用最小二乘法进行数据拟合，其结果如表 2-11 所示。

表 2-11 H$_2$ 还原镍氢电池废料不同反应温度下的 m 及相关系数 r

反应温度/℃	线性方程	m	r
650	$y = 0.4234x - 5.9082$	0.4234	0.9947
700	$y = 0.4294x - 5.7959$	0.4294	0.9982
750	$y = 0.4372x - 5.7083$	0.4372	0.9757
800	$y = 0.4145x - 5.4285$	0.4145	0.9364

由表 2-11 可知，四个温度点下，可得到四条直线，对应四个直线斜率 m，计算其平均值 $m = 0.43$，根据表 2-8，可看出最为接近的动力学机理函数积分式 $g(\alpha)$ 为 $m = 0.54$ 时，其动力学方程可表示为：

$$[1 - (1 - \alpha)^{1/3}]^2 = kt \tag{2-18}$$

利用上述方程式（2-18），将图 2-9 中不同反应温度下，反应时间 t 和失重率 α 的实验数据带入上式，以 $[1 - (1 - \alpha)^{1/3}]^2 \times 10^{-4}$ 为纵坐标，$t \times 10^2$ 为横坐标，利用最小二乘法进行数据拟合，其拟合结果如表 2-12 所示，拟合曲线如图 2-12 所示。

表 2-12 H$_2$ 还原镍氢电池废料不同反应温度下的速率常数 k 及相关系数 r

反应温度/℃	线性方程	k	r
650	$y = 0.2064x + 0.7039$	2.0638×10^{-7}	0.9984
700	$y = 0.2591x + 1.4659$	2.5914×10^{-7}	0.9930
750	$y = 0.3380x + 2.5734$	3.3801×10^{-7}	0.9579
800	$y = 0.3644x + 4.4316$	3.6443×10^{-7}	0.8844

由表 2-12 可以看出，当反应温度小于 750℃时，速率常数 k 的拟合曲线，具有较高的相关系数，特别是 650℃和 700℃时，相关系数 r 均大于 0.99，说明所选的动力学方程符合程度较高；而 800℃时，其相关系数较低，这主要是因为反应温度为 800℃时，反应温度较高，化学反应速率较快，在反应为 1.25h 以后，化学反应基本达到了平衡。为了更准确地描述整个过程的动力学特征，计算化学

反应表观活化能 E 时，取还原过程为 650~750℃ 温度段并计算表观活化能 E，其结果如图 2-13 所示。由图 2-13 可以看出，反应温度在 650~750℃ 之间，表观活化能为 38.64kJ/mol，指数前因子为 $3.10×10^{-5}s^{-1}$。故在反应温度为 650~750℃ 的条件下，H_2 还原镍氢电池废料的限制性环节为扩散和化学反应共同控制，即混合控制。

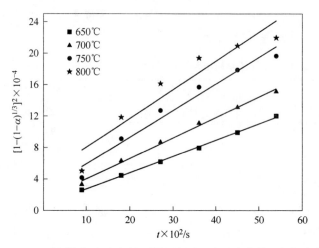

图 2-12 H_2 还原镍氢电池废料不同温度下反应速率常数 k 的拟合曲线

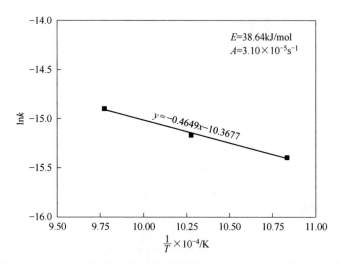

图 2-13 650~750℃ 条件下 H_2 还原镍氢电池废料表观活化能 E 拟合曲线

2.4 本章小结

本章对钕铁硼废料、镍氢电池废料 H_2 选择性火法还原过程进行了研究，得到以下结论：

（1）两种稀土废料还原过程的热力学分析表明，在实验温度下，以 H_2 还原钕铁硼废料时，当 H_2 浓度大于 76.14% 时，即可使 Fe、Co 金属氧化物被还原为单质，而 Al、B、RE 处于氧化物状态；H_2 作为还原剂还原镍氢电池废料时，在实验温度下，当 H_2 浓度大于 4.95%，即可使 Ni、Co 金属氧化物被还原为单质，而 Al、Mn、RE 处于氧化物状态。

（2）钕铁硼废料 H_2 选择性还原的最佳工艺条件为——反应温度 800℃，反应时间 2h；选择性还原产物主要为 Fe，TFe 和 Co 含量之和达到 50.00%，TREO 为 37.65%；镍氢电池废料 H_2 选择性还原的最佳工艺条件为——反应温度 800℃，反应时间 2h；选择性还原产物主要为 Ni 和 Co，Ni 和 Co 含量之和为 65.07%，TREO 为 22.14%。

（3）H_2 还原钕铁硼废料，还原过程的动力学方程为 $(1 - \frac{2}{3}\alpha) - (1 - \alpha)^{2/3} = kt$，表观活化能为 15.46kJ/mol，指数前因子 A 为 $1.93 \times 10^{-6} s^{-1}$，还原过程的速度控制环节为扩散控制；$H_2$ 还原镍氢电池废料，还原过程的动力学方程为 $[1 - (1 - \alpha)^{1/3}]^2 = kt$，表观活化能为 38.64kJ/mol，指数前因子 A 为 $3.10 \times 10^{-5} s^{-1}$，还原过程处于扩散和化学反应共同控制，即混合控制。

3 基于构建 REO-SiO₂-Al₂O₃ 基熔渣体系的渣金熔分研究

以钕铁硼废料、镍氢电池废料为原料，采用 H_2 选择性还原—渣金熔分法对废料进行处理，可得到高纯 Fe-Co、Ni-Co 合金和 REO-SiO₂-Al₂O₃ 基熔渣，熔渣的物化特性（熔化温度、黏度等）决定着渣和金属能否彻底分离，而熔渣的组成决定着熔渣的物化特性。熔渣的熔化温度和熔化性温度是熔渣物化特性的重要指标，都表示熔渣熔化的难易程度，但反映的侧重点有所不同，有些熔渣虽然熔化温度不高，在较低的温度下就可以熔化，但熔化后流动性能较差，不能自由流动，熔化性温度较高，故二者通过不同的侧面反映出熔渣的物化特性。

本章首先进行熔渣熔化温度和黏度的研究，为了确定一种合适的渣系，此熔渣体系应具有低熔化温度和低熔化性温度，以使该熔渣流动性能良好，满足渣金熔分过程的要求，同时保证此渣系中稀土氧化物含量尽可能高，从而提高湿法冶金法从中提取稀土的效率；此外，熔渣中稀土相的结构和性质决定着湿法冶金回收稀土的难易程度，同时，对于了解黏度的变化规律及确立渣系的相图等也具有重要的参考意义；最后以稀土废料经 H_2 选择性还原处理后的物料为原料，配入造渣剂 SiO_2 和 Al_2O_3 进行渣金熔分，通过渣金熔分得到湿法冶金提取稀土的熔渣组成。

3.1 REO-SiO₂-Al₂O₃ 基熔渣熔化温度的研究

本节以纯试剂为原料配制渣系，采用半球法测定熔渣的熔化温度，系统地研究不同稀土含量下，La_2O_3-SiO_2-Al_2O_3 三元渣系的熔化温度，以及次要组元 B_2O_3、FeO、MnO 对三元渣系熔化温度的影响规律，在此基础上，进一步研究了 $(Pr,Nd)O_x$ 和 $(La,Ce)O_x$ 渣系的熔化温度。本节所采用测定熔化温度的方法为半经验性的实验方法，可以反映熔渣组成对其熔化特性的影响规律，适用于熔渣成分的初步确定，通过本章的研究工作，为从钕铁硼废料、镍氢电池废料中提取稀土过程熔渣体系的选择和优化选择提供了基础数据。

3.1.1 实验材料与方法

3.1.1.1 实验原料

SiO$_2$、Al$_2$O$_3$ 为分析纯试剂，La$_2$O$_3$、(Pr,Nd)O$_x$、(La,Ce)O$_x$ 纯度 99.95%，使用前在马弗炉中 850℃ 焙烧 2h，去除吸附的水分；B$_2$O$_3$ 纯度 99.9%，使用前在 120℃ 下真空脱水 4h；MnO 由分析纯试剂 MnO$_2$ 在 H$_2$ 气氛中 850℃ 下还原得到；FeO 由纯度 99% 的草酸亚铁（FeC$_2$O$_4$ · 2H$_2$O）在氩气（纯度大于 99.995%）气氛下 850°C 热分解 2h 得到。还原和分解得到的 MnO 和 FeO 进行 XRD 结构分析，其结果如图 3-1 和图 3-2 所示，与标准图谱一致，未见杂相。

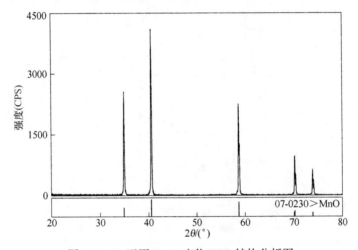

图 3-1　H$_2$ 还原 MnO$_2$ 产物 XRD 结构分析图

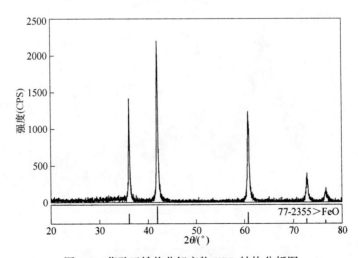

图 3-2　草酸亚铁热分解产物 XRD 结构分析图

3.1.1.2 渣样制备

按设定的熔渣成分，用感量 0.01g 天平精确称量各种试剂，混合均匀后装入钼坩埚（ϕ12mm×H12mm），钼坩埚套装在石墨坩埚（ϕ16mm×H25mm）内，石墨坩埚与石墨棒丝扣连接，形成的组合件（见图 3-3）放置在高温电阻炉内，坩埚处于恒温区，在氩气保护气氛下以 15℃/min 的速率升温到 1550℃保温 0.5h 使其融化均匀，然后提出组合件水淬急冷坩埚及其内部渣料，冷却后用台钳挤碎钼坩埚，取出渣料。由于冷却速度快，渣样呈现玻璃相特征，未形成结晶相（如图 3-4 所示的 XRD 结构分析，渣系成分为：55%La₂O₃-22.70%SiO₂-11.30%Al₂O₃-

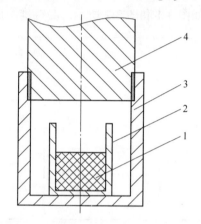

图 3-3　熔渣制备所用的组合件示意图

1—熔渣；2—钼坩埚；3—石墨坩埚；4—石墨棒

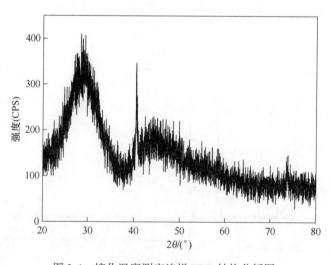

图 3-4　熔化温度测定渣样 XRD 结构分析图

7%FeO-4%B$_2$O$_3$），化学成分均匀。实验制备的每个渣样质量 1.2g 左右，研磨至 0.075mm 以下备用。

3.1.1.3 实验设备及测定方法

熔化温度的测定采用 MTLQ-RD-1300 半球法熔点熔速综合测定仪（重庆科技学院），如图 3-5 所示，该设备的发热体为铂金丝电炉加热，图像采集系统采用光感试样图像变化在线显示技术，数据记录采用计算机测控技术。称取渣料 0.5g，用模具制成圆柱体（φ3×3mm）试样，放在刚玉片（10×15mm）上，开启测定程序，在软件界面上设定温度参数（上限温度 1500℃，升温速度 13℃/min）后，升温，当设备显示温度为 650℃时，将放在刚玉片上的试样用镊子装入铂丝炉内，打开光源进行图像调整后，开始测定，随温度升高，圆柱体试样逐渐软化变形、塌下，定义渣样高度为原始高度的 75%、50%、25% 时对应的温度为熔渣的软化温度、半球点温度和流动温度，三者的温度值是递增的，定义半球温度为熔渣的熔化温度。每个试样测定 2 次，取其平均值。

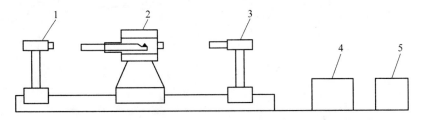

图 3-5　MTLQ-RD-1300 半球法熔点熔速综合测定仪示意图

1—光源；2—管式电阻炉；3—成像系统；4—控制系统；5—数据处理系统

3.1.2　La$_2$O$_3$-SiO$_2$-Al$_2$O$_3$ 基熔渣的熔化温度

3.1.2.1　La$_2$O$_3$-SiO$_2$-Al$_2$O$_3$ 三元渣系的熔化温度

La$_2$O$_3$-SiO$_2$-Al$_2$O$_3$ 三元渣系成分及熔化温度测定结果见表 3-1。熔渣熔化过程高度随温度的变化曲线如图 3-6 所示。熔渣在 La$_2$O$_3$ 含量分别为 45%、50%、55% 下，其 SiO$_2$ 或 Al$_2$O$_3$ 含量对熔化温度的影响如图 3-7 所示。

表 3-1　La$_2$O$_3$-SiO$_2$-Al$_2$O$_3$ 三元渣系成分及熔化温度

渣样号	渣系成分（质量分数）/%			熔化温度/℃
	La$_2$O$_3$	SiO$_2$	Al$_2$O$_3$	
1 号	45	30	25	1319
2 号	45	35	20	1270

续表 3-1

渣样号	渣系成分（质量分数)/%			熔化温度/℃
	La$_2$O$_3$	SiO$_2$	Al$_2$O$_3$	
3 号	45	40	15	1289
4 号	50	30	20	1304
5 号	50	35	15	1279
6 号	50	40	10	1329
7 号	55	25	20	1374
8 号	55	30	15	1328
9 号	55	35	10	1337
10 号	60	25	15	1435
11 号	60	30	10	1436

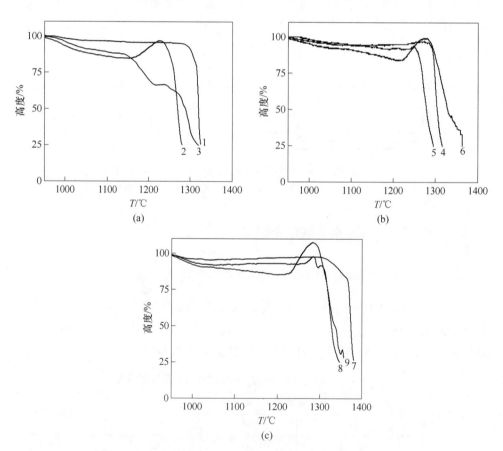

图 3-6 不同 La$_2$O$_3$ 含量下熔渣熔化过程高度随温度变化曲线

（a）La$_2$O$_3$ 含量 45%；（b）La$_2$O$_3$ 含量 50%；（c）La$_2$O$_3$ 含量 55%

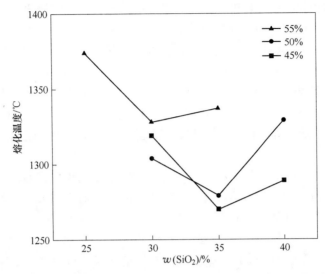

图 3-7　La$_2$O$_3$ 含量分别为 45%、50%、55% 时 SiO$_2$ 的含量对熔化温度的影响

由表 3-1 可知，当 La$_2$O$_3$ 含量一定时，三元渣系的熔化温度均随 SiO$_2$ 含量的增大呈先降低后升高的规律，即当 SiO$_2$ 含量为某一数值时，三元渣系的熔化温度最低。在同一 SiO$_2$ 含量下，熔渣的熔化温度随着 La$_2$O$_3$ 含量的增加而升高。

熔化温度[99~101]，即为熔点，是指熔渣在加热过程中，由固态完全转变为均匀液相或熔渣在冷却过程中，均匀液相开始析出固相的温度，也就是熔渣相图中的液相线或液相面温度。影响熔渣熔化温度的主要因素为熔渣晶体中的离子键，离子键越强，熔渣熔化温度越高；各类不同氧化物形成的复杂化合物或低共熔点混合物，可降低熔化温度。熔化温度的测定一般采用半球法，其本质是熔渣的熔化过程，随着熔渣温度的升高，熔渣软化变形，熔渣成分特别是其酸碱性对熔化温度有着重要的影响，熔渣的碱度在中性附近，具有良好的流动性，更容易软化变形，故中性渣具有较低的熔化温度。

La$_2$O$_3$-SiO$_2$-Al$_2$O$_3$ 三元渣系熔化温度的变化主要是由熔渣碱度的变化所引起的，对于 CaO-SiO$_2$-Al$_2$O$_3$ 渣系，碱度在 1 左右时，熔渣具有较低的熔化温度，CaO 和 La$_2$O$_3$ 具有相类似的性质，均为碱性氧化物。当 La$_2$O$_3$ 含量一定时，随着 SiO$_2$ 含量的增大，碱度降低，熔渣逐渐由碱性向酸性过渡，故 SiO$_2$ 含量在某一数值时，熔渣具有最低的熔化温度，继续增大 SiO$_2$ 含量，熔渣的熔化温度升高，由图 3-7 可以看出，当熔渣中 La$_2$O$_3$ 含量一定时，Al$_2$O$_3$ 与 SiO$_2$ 比值在 0.75 ~ 0.5 时，熔渣具有最低的熔化温度，随着 La$_2$O$_3$ 含量增加，碱度升高，熔渣的熔化温度升高。

由图 3-6 可知，2 号、6 号、8 号熔渣在软化变形之前，随着温度的升高，体积膨胀，当体积膨胀一定程度后，随着温度的继续升高，熔渣迅速软化变形，出现软化温度、半球温度和流动温度。

对于三元体系，熔化温度的变化具有以下规律，即化合物熔点最高，并向二元共晶点、包晶点方向不断降低，再由二元共晶点、包晶点向三元共晶点、包晶点方向降低。可见在 La_2O_3-SiO_2-Al_2O_3 渣系中，当 Al_2O_3 与 SiO_2 比值在 $0.75 \sim 0.5$ 时，存在一个三元共晶点或包晶点；另一方面，由表 3-1 可以看出，随着 La_2O_3 含量的降低，熔化温度降低，可以推断，该三元共晶点或包晶点 La_2O_3 含量低于 45%。

CaO-SiO_2-Al_2O_3 三元相图表明，在 $R = 0.8 \sim 1.2$ 范围内，Al_2O_3 含量由 0 增加到 15%，熔渣的熔点随 Al_2O_3 含量的增加而降低，而后随 Al_2O_3 含量增加，熔渣熔点迅速上升。可见，熔渣中适当的 Al_2O_3 含量可使熔渣具有最低的熔点。

刘晓荣等人[102]以攀枝花钒钛磁铁精矿为原料，研究了一定碱度条件下 $(R = 2.25)$，不同 Al_2O_3/SiO_2 质量百分比对烧结矿混合料软熔状态的影响。研究结果表明：Al_2O_3/SiO_2 质量百分比在 $0.3 \sim 0.8$ 之间，混合料的烧结温度均小于 $1300\,℃$，且随 Al_2O_3 与 SiO_2 质量百分比的比值的减小，烧结温度降低。

3.1.2.2 次要组元对 La_2O_3-SiO_2-Al_2O_3 三元渣系熔化温度的影响

钕铁硼（$Nd_2Fe_{14}B$ 型）废料中，主要金属元素为铁、镨和钕，还有少量的添加元素钴、铝、硼等。镍氢电池电极的正极材料为氢氧化镍，负极材料为 AB_5 型稀土储氢合金，AB_5 型储氢合金中，A 侧以稀土元素镧和铈为主，B 侧以镍为主，添加少量的钴、铝、锰等元素。镍氢电池废料中，主要金属元素为镍、镧和铈，还有少量的钴、铝、锰。

钕铁硼废料中添加了少量的硼元素，废料经 H_2 选择性还原后，有少量的未被还原的氧化亚铁及三氧化二硼富含其中，镍氢电池废料中添加了少量的锰元素，废料 H_2 选择性还原后，物料中含有少量的氧化锰，两种废料经 H_2 选择性还原后，进行渣金熔分，这些氧化物进入熔分渣，成为稀土氧化物熔渣的次要组元，稀土熔分渣中这些氧化物的质量分数分别约为：MnO $5\% \sim 7\%$，B_2O_3 $3\% \sim 4\%$，FeO $6\% \sim 7\%$。

选择 La_2O_3：SiO_2：Al_2O_3 质量比为 55：30：15 的 La_2O_3-SiO_2-Al_2O_3 渣系组分，此渣系具有合适的熔化温度，且稀土含量较高，与稀土废料经 H_2 选择性还原—渣金熔分得到的稀土熔渣中 REO 含量相近，分别考察单一次要组元 MnO、B_2O_3、FeO 对 La_2O_3-SiO_2-Al_2O_3 三元渣系熔化温度的影响，结果列于表 3-2 ~ 表 3-4 并绘制趋势图如图 3-8 所示。

A MnO 对 La_2O_3-SiO_2-Al_2O_3 三元渣系熔化温度的影响

由表 3-2 可知，次要组元 MnO 的加入，可降低 La_2O_3-SiO_2-Al_2O_3 三元渣系的

熔化温度，但随着 MnO 加入量的增加，加入量在 4%~8% 范围内，对熔渣的熔化温度的降低影响不明显。

表 3-2 MnO 对 La$_2$O$_3$-SiO$_2$-Al$_2$O$_3$ 三元渣系熔化温度的影响

渣样号	渣系成分（质量分数）/%				熔化温度/℃
	La$_2$O$_3$	SiO$_2$	Al$_2$O$_3$	MnO	
8 号	55	30	15	0	1328
12 号	52.80	28.80	14.40	4	1281
13 号	51.70	28.20	14.10	6	1293
14 号	50.60	27.60	13.80	8	1294

B B$_2$O$_3$ 对 La$_2$O$_3$-SiO$_2$-Al$_2$O$_3$ 三元渣系熔化温度的影响

由表 3-3 可知，少量次要组元 B$_2$O$_3$ 的加入即可明显降低 La$_2$O$_3$-SiO$_2$-Al$_2$O$_3$ 三元渣系的熔化温度，B$_2$O$_3$ 添加量仅为 2% 时，可使三元渣系熔化温度降低 48℃，随 B$_2$O$_3$ 含量的增加熔化温度降低，B$_2$O$_3$ 含量从 2% 增加到 4%，每增加 1%，可使熔渣的熔化温度降低 10℃ 左右。

表 3-3 B$_2$O$_3$ 对 La$_2$O$_3$-SiO$_2$-Al$_2$O$_3$ 三元渣系熔化温度的影响

渣样号	渣系成分（质量分数）/%				熔化温度/℃
	La$_2$O$_3$	SiO$_2$	Al$_2$O$_3$	B$_2$O$_3$	
8 号	55	30	15	0	1328
15 号	53.90	29.40	14.70	2	1280
16 号	53.35	29.10	14.55	3	1267
17 号	52.80	28.80	14.40	4	1272

C FeO 对 La$_2$O$_3$-SiO$_2$-Al$_2$O$_3$ 三元渣系熔化温度的影响

由表 3-4 可知，次要组元 FeO 的加入，同样可降低 La$_2$O$_3$-SiO$_2$-Al$_2$O$_3$ 三元渣系的熔化温度，且 FeO 加入量越大，效果越明显，如加入量为 8% 时，可使熔渣熔化温度下降 72℃。

表 3-4 FeO 对 La$_2$O$_3$-SiO$_2$-Al$_2$O$_3$ 三元渣系熔化温度的影响

渣样号	渣系成分（质量分数）/%				熔化温度/℃
	La$_2$O$_3$	SiO$_2$	Al$_2$O$_3$	FeO	
8 号	55	30	15	0	1328
18 号	53.90	29.40	14.70	2	1305
19 号	52.80	28.80	14.40	4	1283
20 号	51.70	28.20	14.10	6	1282
21 号	50.60	27.60	13.80	8	1256

由图 3-8 可知，次要组元 MnO、B₂O₃、FeO 的加入均可以降低熔渣的熔化温度，其影响作用由大到小依次为 B₂O₃、FeO、MnO。

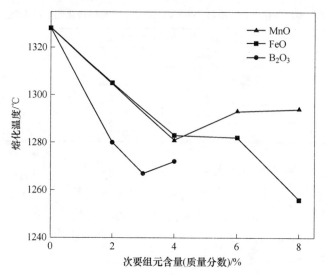

图 3-8 FeO、B₂O₃、MnO 对 La₂O₃-SiO₂-Al₂O₃ 三元渣系熔化温度的影响

一般次要组元的加入会降低三元体系的熔化温度，熔点越低影响越大，B₂O₃、FeO、MnO 的熔点依次为 445℃、1370℃、1650℃，熔点依次升高，故对熔渣熔化温度的影响作用由大到小依次为 B₂O₃、FeO、MnO。

B₂O₃ 作为助熔剂，能与一些氧化物（CaO、Al₂O₃）形成低熔点的化合物，如 CaO·B₂O₃ 的熔点不大于 1150℃，从而提高熔渣的过热度，使复合阴离子团因剧烈的热振动而解体，进而降低熔渣的熔化温度；另一方面，B₂O₃ 和 SiO₂ 具有相类似的特性，都可以形成网络体结构，B₂O₃ 可以夺取硅氧离子团中的氧离子，从而使硅氧键断裂，破坏了硅氧离子团的对称性，使其结构趋于简单，从而使熔渣的熔化温度降低。MnO 能向熔渣中提供 O^{2-}，可打断相邻 Si^{4+} 所共有的 O^{2-}，在一定程度上使复杂硅氧阴离子团解体，离子半径变小，从而使熔渣的熔化温度降低。FeO 能够降低熔化温度的原因和 MnO 相类似。

刘著[103]采用半球法测定了不同 B₂O₃ 加入量对 CaO-SiO₂-Al₂O₃ 渣系熔化温度的影响规律，熔渣碱度为 0.8～1.0，研究结果表明，随着 B₂O₃ 加入量的增加，可大幅度降低熔渣的熔化温度，但 B₂O₃ 加入量大于 6% 以后，对熔渣的熔化温度影响不明显。

高运明等人[104]利用导电法在高纯氩气保护下测定了 CaO-SiO₂-Al₂O₃-MgO 渣系（R=0.6）的熔化温度，研究 FeO 含量对熔渣熔化温度的影响。结果表明，FeO 的加入可以降低熔渣的熔化温度，且渣中 FeO 含量越大，熔渣熔化温度越低；当渣中 FeO 含量低于 20% 时，随着 FeO 含量的增加，熔渣熔化温度降低幅度较大。

D FeO 和 B$_2$O$_3$ 对 La$_2$O$_3$-SiO$_2$-Al$_2$O$_3$ 三元渣系熔化温度的影响

钕铁硼废料经 H$_2$ 选择性还原—渣金熔分处理后的稀土熔分渣中同时含有 B$_2$O$_3$ 和 FeO，故同时配加 FeO 和 B$_2$O$_3$，研究其对熔渣熔化温度的综合影响，选择 La$_2$O$_3$：SiO$_2$：Al$_2$O$_3$ 质量比为 60：25：15 的 La$_2$O$_3$-SiO$_2$-Al$_2$O$_3$ 渣系组分，研究同时添加两种少量次要组元 FeO 和 B$_2$O$_3$ 对其渣系熔化温度的交互影响，其结果列于表 3-5。

表 3-5　FeO 和 B$_2$O$_3$ 对 La$_2$O$_3$-SiO$_2$-Al$_2$O$_3$ 三元渣系熔化温度的影响

渣样号	渣系成分（质量分数）/%					熔化温度/℃
	La$_2$O$_3$	SiO$_2$	Al$_2$O$_3$	FeO	B$_2$O$_3$	
10 号	60	25	15	0	0	1435
22 号	54.60	22.75	13.65	6	3	1275
23 号	54.00	22.50	13.50	6	4	1244
24 号	53.40	22.25	13.35	8	3	1266
25 号	52.80	22.00	13.20	8	4	1247

由表 3-5 可以看出，FeO 和 B$_2$O$_3$ 同时加入，可使 La$_2$O$_3$-SiO$_2$-Al$_2$O$_3$ 三元渣系熔化温度降低的幅度在 150～200℃ 之间，两种少量次要组元 FeO 和 B$_2$O$_3$ 对渣系熔化温度的降低具有叠加效应。

3.1.3　(Pr,Nd)O$_x$-SiO$_2$-Al$_2$O$_3$ 基熔渣的熔化温度

3.1.2 节以 La$_2$O$_3$ 为代表研究了 REO-SiO$_2$-Al$_2$O$_3$ 三元渣系及次要组元对该渣系熔化温度的影响规律，而对于实际稀土废料，如钕铁硼废料中稀土以镨和钕为主，镍氢电池废料中稀土以镧和铈为主，故本节及 3.1.4 节首先以 La$_2$O$_3$ 为代表研究稀土含量较高时，REO-SiO$_2$-Al$_2$O$_3$ 基熔渣体系熔化温度的变化规律，进而研究了熔渣体系中各组元含量不变时，以镨钕氧化物(Pr,Nd)O$_x$ 代替 La$_2$O$_3$，以镧铈氧化物(La,Ce)O$_x$ 代替 La$_2$O$_3$，(Pr,Nd)O$_x$ 渣系及(La,Ce)O$_x$ 渣系熔化温度的变化规律。

钕铁硼废料经 H$_2$ 选择性还原—渣金熔分后，得到的稀土熔分渣中稀土氧化物含量高达 60%，FeO 含量约为 6%～7%，若在渣金熔分过程中，配入还原剂碳，则可进一步降低 FeO 含量，最多可降至 2% 左右，而渣中 B$_2$O$_3$ 含量约为 3%～4% 左右。

选择 La$_2$O$_3$ 和(Pr,Nd)O$_x$ 质量分数分别为 55%、60% 和 65%，B$_2$O$_3$ 质量分数为 4%，考察组元 FeO 含量的变化对渣系熔化温度的影响，结果列于表 3-6。

在 FeO 含量一定，FeO 质量百分含量为 2% 和 7% 时，不同稀土氧化物含量对 La₂O₃渣和(Pr,Nd)Oₓ渣系熔化温度的影响如图 3-9 所示。

表 3-6 **La₂O₃/(Pr,Nd)Oₓ-SiO₂-Al₂O₃-FeO-B₂O₃ 渣系成分** （质量分数）
及熔化温度测定结果

| 渣样号 | 渣系成分/% | | | | | | 熔化温度 |
	La₂O₃	(Pr,Nd)Oₓ	SiO₂	Al₂O₃	FeO	B₂O₃	/℃
26 号	55	—	26.00	13.00	2	4	1232
27 号	55	—	22.70	11.30	7	4	1178
28 号	60	—	22.70	11.30	2	4	1318
29 号	60	—	19.30	9.70	7	4	1284
30 号	65	—	19.30	9.70	2	4	1386
31 号	65	—	16.00	8.00	7	4	1352
32 号	—	55	26.00	13.00	2	4	1259
33 号	—	55	22.70	11.30	7	4	1223
34 号	—	60	22.70	11.30	2	4	1272
35 号	—	60	19.30	9.70	7	4	1245
36 号	—	65	19.30	9.70	2	4	1370
37 号	—	65	16.00	8.00	7	4	1284

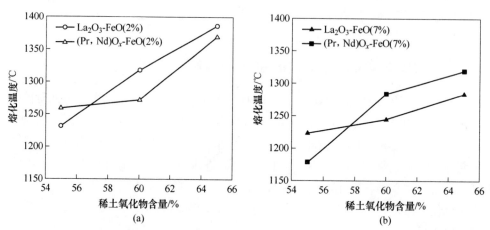

(a)　　　　　　　　　　(b)

图 3-9　不同稀土氧化物含量（质量分数）对 La₂O₃ 渣系和(Pr,Nd)Oₓ渣系熔化温度的影响

由表 3-6 和图 3-9 可知，La₂O₃ 渣系和(Pr,Nd)Oₓ渣系具有相类似的规律，当 La₂O₃ 或(Pr,Nd)Oₓ含量一定时，渣样的熔化温度随 FeO 含量增加而降低；FeO 含量一定时，熔化温度随 La₂O₃ 或(Pr,Nd)Oₓ含量降低而降低；渣样的熔化温度随 REO 含量降低、FeO 含量增加而降低。REO 含量为 55%、FeO 含量为 7% 时，两渣系分别具有最低的熔化温度，如 27 号的熔化温度为 1178℃，33 号的熔

化温度为 1223℃，这两种渣系渣金熔分过程顺利，渣金分离彻底，但两渣系各自所对应的 REO 含量较 29 号和 35 号低，而 29 号和 35 号其熔化温度相对低（1284℃ 和 1245℃），故对于 La$_2$O$_3$ 和（Pr，Nd）O$_x$ 渣系，理想的熔渣体系组成分别为 29 号和 35 号，不但稀土氧化物含量高且熔化温度适宜，是最优的熔渣配比。在相同配比的渣系中，当 REO 含量为 60%、65% 时，（Pr，Nd）O$_x$ 渣系的熔化温度均低于 La$_2$O$_3$ 渣系，这是由于（Pr，Nd）O$_x$ 的熔点低于 La$_2$O$_3$，对于钕铁硼废料，采用（Pr，Nd）O$_x$ 渣系与实际渣系更相符，但由于两渣系具有相同的规律，可以用 La$_2$O$_3$ 渣系代替（Pr，Nd）O$_x$ 渣系研究其基本规律。

熊洪进[105]研究了碱度对 CaO-MgO-FeO-Al$_2$O$_3$-SiO$_2$-P$_2$O$_5$ 渣系熔化温度的影响，当 P$_2$O$_5$、MgO、FeO、Al$_2$O$_3$ 含量分别为 0%、4%、12%、12.4%，R 分别为 0.8、1.0、1.2、1.4 时，随碱度增大，熔渣的熔化温度先降低后升高，在碱度 $R=1.0$ 时达到最低，此渣系与本书渣系相似，CaO 与 La$_2$O$_3$ 具有相近的特性，Al$_2$O$_3$ 含量相近，随 La$_2$O$_3$ 含量增加碱度增大，熔渣熔化温度升高。

FeO 是炼钢过程有效的化渣剂，其原因在于其自身熔点较低，为 1370℃，FeO 能向熔渣中提供 O^{2-}，可打断相邻 Si^{4+} 所共有的 O^{2-}，在一定程度上使复杂硅氧阴离子团解体，离子半径变小，从而使熔渣的熔化温度降低；FeO 含量越大，降低渣系熔化温度的效果越显著。

3.1.4　（La，Ce）O$_x$-SiO$_2$-Al$_2$O$_3$ 基熔渣的熔化温度

镍氢电池废料经选择性还原—渣金熔分后，得到的稀土熔分渣中 MnO 含量约为 5%~7%。选择（La，Ce）O$_x$ 和 La$_2$O$_3$ 质量分数分别为 55%、60% 和 65%，MnO 含量为 7% 时，熔渣的熔化温度，结果列于表 3-7。在 MnO 质量分数为 7% 时，不同稀土氧化物含量对 La$_2$O$_3$ 渣系和（La，Ce）O$_x$ 渣系熔化温度的影响如图 3-10 所示。

表 3-7　La$_2$O$_3$/（La，Ce）O$_x$-SiO$_2$-Al$_2$O$_3$-MnO 渣系成分（质量分数）**及熔化温度测定结果**

渣样号	渣系成分/%					熔化温度 /℃
	La$_2$O$_3$	（La，Ce）O$_x$	SiO$_2$	Al$_2$O$_3$	MnO	
38 号	55	—	25.30	12.70	7	1250
39 号	60	—	22.00	11.00	7	1351
40 号	65	—	18.70	11.30	7	1366
41 号	—	55	25.30	12.70	7	1230
42 号	—	60	22.00	11.00	7	1277
43 号	—	65	18.70	11.30	7	1318

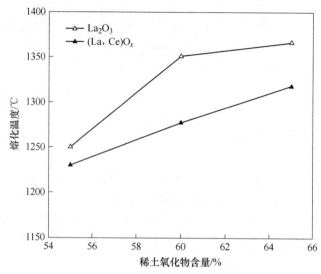

图 3-10 不同稀土氧化物含量（质量分数）对 La$_2$O$_3$ 渣系和(La,Ce)O$_x$渣系熔化温度的影响

由表 3-7 和图 3-10 可知，La$_2$O$_3$ 渣系和(La,Ce)O$_x$渣系具有相类似的规律，当 MnO 含量一定时，随 La$_2$O$_3$ 或(La,Ce)O$_x$质量分数的增加，熔渣的熔化温度升高。当 REO 含量为 60% 时，两渣系均具有较适宜的熔化温度，稀土氧化物含量高，然其熔化性温度很高（两渣系均大于 1500℃），熔渣的流动性能差，不利于渣金熔分过程的顺利进行，故两渣系均不适合作为镍氢电池废料的基础渣系。而当 REO 含量为 55% 时，两渣系均具有低的熔化温度，且稀土氧化物含量也较高，故对于 La$_2$O$_3$ 和(La,Ce)O$_x$渣系，理想的熔渣体系组成分别为 38 号和 41 号，稀土氧化物含量较高且熔化温度低，是最优的熔渣配比。在相同配比的渣系中，(La,Ce)O$_x$渣系的熔化温度均低于 La$_2$O$_3$ 渣系，这是由于(La,Ce)O$_x$渣系组元较 La$_2$O$_3$ 渣系增加了一个组元，对于多元体系，一般认为组元越多，其熔化温度越低。对于镍氢电池废料，采用(La,Ce)O$_x$渣系与实际渣系更相符，但两渣系具有相同的规律，故可以用 La$_2$O$_3$ 渣系代替(La,Ce)O$_x$渣系研究其基本规律。

齐飞[106]针对 CaO-Al$_2$O$_3$-SiO$_2$-Na$_2$O-CaF$_2$-MnO 渣系，研究了碱度和 MnO 含量变化对渣系熔化温度的影响，研究表明：当碱度一定时，渣系的熔化温度随 MnO 含量的增加而降低，MnO 含量越高，降低越明显；当 MnO 含量为 7% 时，渣系熔化温度随碱度的升高而增加，碱度由 0.9 升高到 1.3，熔化温度增加近 60℃。

3.1.5 小结

钕铁硼废料、镍氢电池废料采用选择性还原—渣金熔分法可使其中的稀土以氧化物形态富集在熔渣中，为了寻找高稀土含量、低熔化温度区域的熔渣成分组成，初步确定一种合适的熔渣渣系，本书采用半球法对 La_2O_3-SiO_2-Al_2O_3 三元渣系的熔化温度，以及次要组元对该渣系熔化温度的影响规律进行了研究，得到以下结论：

（1）对于 La_2O_3-SiO_2-Al_2O_3 三元渣系，在 La_2O_3 含量一定时，Al_2O_3 与 SiO_2 比值在 $0.75 \sim 0.5$ 时，熔渣具有低的熔化温度，随着 La_2O_3 含量增加，碱度升高，La_2O_3-SiO_2-Al_2O_3 三元渣系的熔化温度升高。次要组元 MnO、B_2O_3、FeO 的少量加入均可以降低熔渣的熔化温度，其中效果最为显著的是 B_2O_3，加入量仅为 2% 时，可使熔化温度降低 48℃，且 B_2O_3 每增加 1%，可使熔化温度降低 10℃；同时配加少量 FeO 和 B_2O_3，对熔化温度的降低具有叠加效应，熔化温度降幅在 $150 \sim 200$℃之间。

（2）REO-SiO_2-Al_2O_3-FeO-B_2O_3 渣系的熔化温度随 REO 含量降低、FeO 含量增加而降低；REO-SiO_2-Al_2O_3-MnO 渣系的熔化温度随 REO 含量降低而降低。钕铁硼废料可采用 $60\%La_2O_3$-$19.3\%SiO_2$-$9.7\%Al_2O_3$-$7\%FeO$-$4\%B_2O_3$ 渣系作为参考渣系，稀土氧化物含量高、熔化温度适宜，是最优的熔渣配比。镍氢电池废料可采用 $55\%La_2O_3$-$25.3\%SiO_2$-$12.7\%Al_2O_3$-$7\%MnO$ 渣系作为参考渣系，稀土氧化物含量适中、熔化温度适宜，是最优的熔渣配比。

3.2 La_2O_3-SiO_2-Al_2O_3 基熔渣体系黏度的研究

本节的研究工作是在上一节研究的基础上进行的，进一步探究熔渣的组成对熔化性温度的影响规律，结合熔渣的熔化温度，选择出一种具有低熔化温度和低熔化性温度的渣系，同时保证此渣系中稀土氧化物含量尽可能高。

本节以纯试剂为原料，进行渣系配制，系统研究不同稀土含量下，La_2O_3-SiO_2-Al_2O_3 三元渣系的黏度及熔化性温度，以及次要组元 B_2O_3、FeO、MnO 对该渣系黏度和熔化性温度的影响规律；在此基础上，进一步研究了 $(Pr,Nd)O_x$ 和 $(La,Ce)O_x$ 渣系的黏度和熔化性温度。

3.2.1 实验原料及预熔渣制备

3.2.1.1 实验原料

实验原料与 La_2O_3-SiO_2-Al_2O_3 基熔渣熔化温度测定所用原料相同，如 3.1.1 节所示。

3.2.1.2 预熔渣制备

按设定的熔渣成分，用感量 0.01g 天平精确称量各种试剂，总量 200g，将物料混合均匀后装入刚玉坩埚（ϕ70mm×H100mm），放置在真空碳管炉内，在氩气保护气氛下 1550℃ 恒温 0.5h 使其充分熔化，随炉冷却后取出坩埚，破碎分离渣料，得到预熔渣粉。预熔渣制备过程发现刚玉坩埚有轻微腐蚀，B$_2$O$_3$ 有少量挥发，预熔渣制备经过两次熔炼完成，第一次熔炼的渣样进行化学成分分析，确定Al$_2$O$_3$ 和 B$_2$O$_3$ 含量数据偏差，据此在第二次熔炼配料时进行修正。

3.2.2 实验设备及测定原理、方法

3.2.2.1 测定原理

旋转柱体法（吊丝法）测熔渣黏度的基本原理是基于以下公式：

$$\eta = k \cdot \Delta\theta \tag{3-1}$$

式中　$\Delta\theta$——扭角变化量；

　　　k——仪器常数。

K 的标定采用蓖麻油（或其他标准液）为标准液，标准液蓖麻油黏度值与温度的函数关系表达式为：

$$\eta = 4.306 \times 10^{-11} \times e^{6993/T} \tag{3-2}$$

在给定温度 T 下，由式（3-2）计算得到蓖麻油在此温度下的黏度值，再由式（3-1），测定蓖麻油在某一深度下的 $\Delta\theta$，即可得到该测试深度下的仪器常数 k。得到仪器常数 k 后，便可在已知 k 的情况下对高温熔体的黏度进行测定。本实验标定的仪器常数 k= 2.9155。

3.2.2.2 黏度及熔化性温度测定方法

熔化性温度，即为熔度，是指熔渣能够自由流动的最低温度，国外一些文献[107,108]中也称结晶温度（solidification temperature）、凝固温度（crystallization temperature）或转折温度（break temperature）。熔化性温度即为开始有初晶产生的温度，即结晶温度。一般采用旋转柱体法测定熔渣在不同温度下的黏度，从而得到降温黏度曲线，即黏度—温度曲线，对于降温黏度曲线有明显拐点的熔渣，取 45°直线与黏度曲线相切点所对应的温度定义为熔化性温度；而对于黏度曲线拐点不明显的熔渣，一般选择黏度值为 2.0~2.5 Pa·s 之间的某一数值所对应的温度定义为熔化性温度。

本书采用旋转柱体法预测熔渣黏度。设备为 ND-Ⅱ型炉渣综合测试仪（东北大学），设备示意图如图 3-11 所示。

取预熔渣 160g 装入钼坩埚（ϕ48mm×H75mm×δ4mm），将装有预熔渣的钼坩埚放置在黏度仪加热电炉的刚玉管内，为了保护钼坩埚在测定过程中不被氧化，将相同内径的石墨套放置在钼坩埚上方，高纯氩气从加热电炉底部通入，在高纯

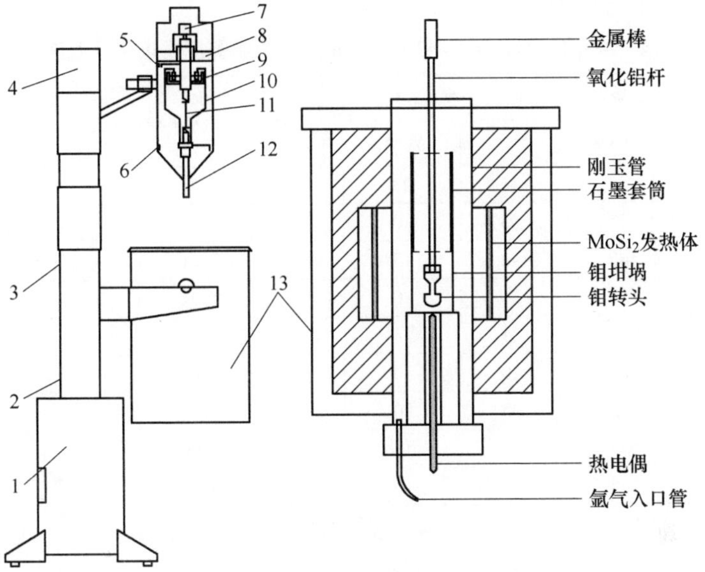

图 3-11 ND-Ⅱ炉渣黏度测试仪示意图

1—测试架及升降机构；2，3—炉体限位开关；4—炉体位置传感器；5，6—黏度扭角光电传感器；

7—黏度头旋转同步电机；8—黏度扭角测试架；9—阻尼盒；10—阻尼架；

11—悬吊丝；12—金属杆；13—加热电炉

氩气保护下，黏度测定仪按预先设定的程序升温至1550℃，保温60min使钼坩埚内的渣料熔化均匀，上升炉体，使钼转头浸入熔体内，开始旋转。首先测定1550℃下的恒温黏度，其次测定熔渣降温过程黏度变化曲线。测定熔渣降温过程黏度变化曲线时，按3℃/min的降温速度程序降温，随熔渣温度降低，其黏度值增大，当熔渣黏度增大到7.5 Pa·s时，停止钼转头旋转，随后对黏度测定仪升温，当设备加热电炉内温度达到1550℃时，下降炉体，使钼转头离开熔体，实验结束，关闭电源。实验得到熔渣黏度随温度变化曲线，以熔渣黏度急剧变化的转折点所对应的温度作为熔渣的熔化性温度，对于曲线拐点不明显的熔渣，取黏度为2.0~2.5 Pa·s时的温度作为熔化性温度[99]，本书取黏度为2.3Pa·s时的温度为熔渣的熔化性温度。为确保黏度测量的重现性，对某些样品进行了重复实验，结果具有很好的一致性，误差在5%以内。

3.2.3　La$_2$O$_3$-SiO$_2$-Al$_2$O$_3$ 基熔渣的黏度

3.2.3.1　La$_2$O$_3$-SiO$_2$-Al$_2$O$_3$ 三元渣系的黏度

La$_2$O$_3$-SiO$_2$-Al$_2$O$_3$ 三元渣系成分、恒温（1550℃）黏度及熔化性温度结果列

于表 3-8，黏度曲线如图 3-12 所示。

表 3-8   La₂O₃-SiO₂-Al₂O₃ 三元渣系恒温黏度及熔化性温度

渣样号	渣系成分（质量分数）/%			恒温黏度 η/Pa·s	熔化性温度/℃
	La₂O₃	SiO₂	Al₂O₃		
1 号	45	30	25	1.5738	1505
2 号	45	35	20	1.3418	1535
3 号	45	40	15	3.7981	—
4 号	50	30	20	1.1524	1512
5 号	50	35	15	1.9514	1517
6 号	50	40	10	3.8902	—
7 号	55	25	20	1.1189	1482
8 号	55	30	15	1.2296	1461
9 号	55	35	10	1.4242	1480

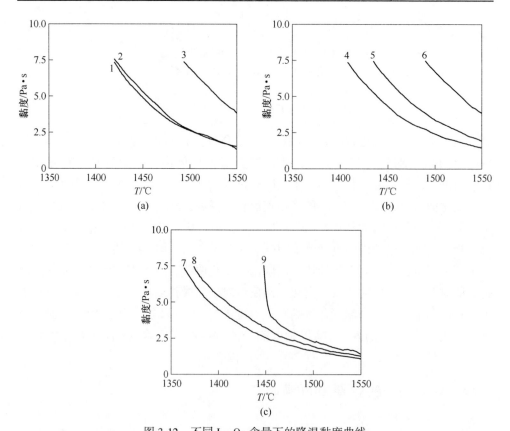

图 3-12   不同 La₂O₃ 含量下的降温黏度曲线

（a）La₂O₃ 含量为 45%；（b）La₂O₃ 含量为 50%；（c）La₂O₃ 含量为 55%

由表 3-8 可知，La_2O_3-SiO_2-Al_2O_3 三元渣系的熔化性温度均比较高，都在 1450℃以上，同样的熔渣成分下，熔化性温度均大于熔化温度，这是因为熔化温度的测定采用半球法，从熔渣开始软化变形，整个测定过程，熔渣始终处于固—液两相区，熔化温度是固—液两相区的某一温度，而熔化性温度的测定采用旋转柱体法，是熔渣由液相随温度的降低逐渐转变为固相的过程，熔化性温度实质是开始有初晶产生的温度。温度是影响黏度变化的主要因素，随着温度的升高，黏度降低，这是因为温度升高，流动单元之间的作用力减弱。在三种 La_2O_3 含量（质量分数为45%、50%、55%）下：当 La_2O_3 含量一定时，随着 SiO_2 含量降低以及 Al_2O_3 含量升高，黏度变化区间变宽，熔渣的黏度及熔化性温度降低；随着 La_2O_3 含量升高，熔渣黏度的变化受温度的影响逐渐降低，黏度变化区间逐渐变宽。图 3-12 中9号渣样随温度的降低黏度曲线出现明显的拐点，呈现"短渣"的特性，而1号~8号渣样为"长渣"，黏度的变化是连续的、渐变的，没有明显的拐点。

传统的三元高炉渣系 CaO-SiO_2-Al_2O_3，其碱度在 $1.2 \sim 1.4$ 范围内，黏度最低，且黏度随 SiO_2 含量的增加而升高，随 CaO 的增加而降低，稀土氧化物La_2O_3和 CaO 具有相类似的性质，故 La_2O_3-SiO_2-Al_2O_3 和 CaO-SiO_2-Al_2O_3 渣系黏度的变化呈相类似的规律。

3.2.3.2 次要组元对 La_2O_3-SiO_2-Al_2O_3 三元渣系黏度的影响

选择 La_2O_3-SiO_2-Al_2O_3 渣系组分质量分数比例为 55:30:15，分别添加一定量次要组元 FeO、B_2O_3、MnO，研究次要组元对熔渣黏度的影响。

A MnO 对 La_2O_3-SiO_2-Al_2O_3 三元渣系黏度及熔化性温度的影响

La_2O_3-SiO_2-Al_2O_3-MnO 渣系成分、恒温（1550℃）黏度及熔化性温度结果列于表 3-9，黏度曲线如图 3-13 所示。从表 3-9 和图 3-13 可以看出，MnO 的加入明显的降低了熔渣的黏度和熔化性温度，而且 MnO 含量越高，作用越明显。先前的研究表明[109]：化学键结构和数量对熔渣的黏度有明显影响，渣中的氧化物结构在很大程度上决定了熔渣的黏度，尤其是硅酸盐结构。

表 3-9 La_2O_3-SiO_2-Al_2O_3-MnO 渣系恒温黏度及熔化性温度

渣样号	渣系成分（质量分数）/%				恒温黏度 η/Pa·s	熔化性温度/℃
	La_2O_3	SiO_2	Al_2O_3	MnO		
8 号	55	30	15	0	1.2296	1461
12 号	52.80	28.80	14.40	4	0.9127	1447
13 号	51.70	28.20	14.10	6	0.6964	1395
14 号	50.60	27.60	13.80	8	0.3823	1368

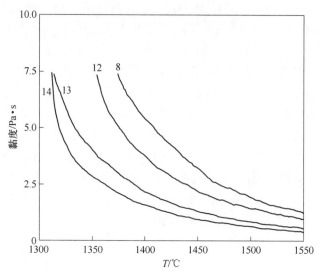

图 3-13 La₂O₃-SiO₂-Al₂O₃-MnO 渣系黏度曲线

MnO 能向熔渣中提供 O^{2-}，可打断相邻 Si^{4+} 所共有的 O^{2-}，在一定程度上使复杂硅氧阴离子团解体，离子半径变小，从而使熔渣的黏度降低。另一方面[110]，两性氧化物 Al_2O_3 能使熔渣生成正四面体结构的 AlO_4^{5-}，并存在以下动态平衡：

$$5O^{2-} + Al_2O_3 \rightleftharpoons 2AlO_4^{5-} \tag{3-3}$$

加入的 MnO 能和 Al_2O_3 反应生成黄长石，破坏了以上的动态平衡，使反应向左移动，使复杂的阴离子团 $2AlO_4^{5-}$ 的含量降低，从而使熔渣黏度降低。

B B₂O₃ 对 La₂O₃-SiO₂-Al₂O₃ 三元渣系黏度及熔化性温度的影响

La₂O₃-SiO₂-Al₂O₃-B₂O₃ 渣系成分、1550℃时的恒温黏度及熔渣熔化性温度结果如表 3-10 所示，黏度曲线如图 3-14 所示。

由表 3-10 和图 3-14 可以看出，B₂O₃ 含量在 2%~4% 时，随着 B₂O₃ 含量的增加，熔渣的黏度和熔化性温度大幅度的降低，B₂O₃ 含量每增加 1%，熔化性温度降低 14~34℃ 之间，这非常有利于渣金熔分过程的进行，富含稀土氧化物的熔渣和单质金属的顺利分离。

表 3-10 La₂O₃-SiO₂-Al₂O₃-B₂O₃ 渣系恒温黏度及熔化性温度

渣样号	渣系成分（质量分数）/%				恒温黏度 η/Pa·s	熔化性温度/℃
	La₂O₃	SiO₂	Al₂O₃	B₂O₃		
8 号	55	30	15	0	1.2296	1461
15 号	53.90	29.40	14.70	2	0.7470	1449
16 号	53.35	29.10	14.55	3	0.5983	1415
17 号	52.80	28.80	14.40	4	0.5771	1401

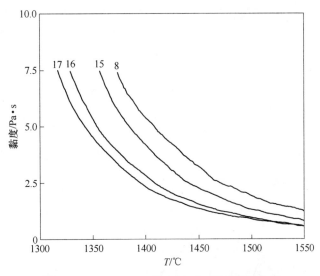

图 3-14　La$_2$O$_3$-SiO$_2$-Al$_2$O$_3$-B$_2$O$_3$ 渣系黏度曲线

B$_2$O$_3$ 是典型的酸性氧化物，可替代熔渣中的二氧化硅，B$_2$O$_3$ 的加入可以降低炉渣的碱度，增加炉渣的稳定性[111]。B$_2$O$_3$ 也是一种助熔剂，被广泛用于冶金行业，其自身熔点较低，只有 450℃，并且能与一些碱性氧化物（CaO、Al$_2$O$_3$）形成低熔点的化合物，如 CaO·B$_2$O$_3$ 的熔点不大于 1150℃，从而提高熔渣的过热度，使复合阴离子团因剧烈的热振动而解体，进而降低熔渣的黏度；另一方面，B$_2$O$_3$ 和 SiO$_2$ 具有相类似的特性，都可以形成空间网络体结构，B$_2$O$_3$ 可以夺取硅氧离子团中氧形成的硅氧离子团，从而使硅氧键断裂，破坏了硅氧离子团的对称性，使其结构趋于简单，从而使熔渣的黏度降低。Y. Sun[112] 和 X. H. Huang[113] 认为，熔渣黏流活化能的变化可改变黏性流动单元的结构，随着渣中 B$_2$O$_3$ 含量的增加，黏流活化能增大，黏性流动单元变小，从而使熔渣的黏度降低。

C　FeO 对 La$_2$O$_3$-SiO$_2$-Al$_2$O$_3$ 三元渣系黏度及熔化性温度的影响

La$_2$O$_3$-SiO$_2$-Al$_2$O$_3$-FeO 渣系成分、1550℃时的恒温黏度及熔渣熔化性温度结果见表 3-11，黏度曲线如图 3-15 所示。

表 3-11　La$_2$O$_3$-SiO$_2$-Al$_2$O$_3$-FeO 渣系恒温黏度及熔化性温度

渣样号	渣系成分（质量分数）/%				恒温黏度 η/Pa·s	熔化性温度/℃
	La$_2$O$_3$	SiO$_2$	Al$_2$O$_3$	FeO		
8 号	55	30	15	0	1.2296	1461
18 号	53.90	29.40	14.70	2	0.5987	1422

续表 3-11

渣样号	渣系成分（质量分数）/%				恒温黏度 η/Pa·s	熔化性温度/℃
	La₂O₃	SiO₂	Al₂O₃	FeO		
19 号	52.80	28.80	14.40	4	0.5119	1373
20 号	51.70	28.20	14.10	6	0.4757	1366
21 号	50.60	27.60	13.80	8	0.3150	1340

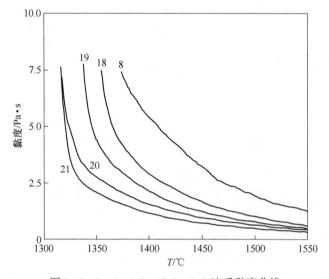

图 3-15　La₂O₃-SiO₂-Al₂O₃-FeO 渣系黏度曲线

由表 3-11 和图 3-15 可以看出，FeO 的加入可显著降低熔渣的黏度和熔化性温度，随着 FeO 含量的增加，作用明显加强，黏度出现突变点越来越明显，说明熔渣由"长渣"逐渐向"短渣"转变。FeO 能向熔渣中提供 O^{2-}，可打断相邻 Si^{4+} 所共有的 O^{2-}，在一定程度上使复杂硅氧阴离子团解体，离子半径变小，从而使熔渣的黏度降低。

三种次要组元 MnO、B₂O₃ 和 FeO 对 La₂O₃-SiO₂-Al₂O₃ 三元渣系黏度的影响以 FeO 最为明显，其次为 B₂O₃，最后为 MnO。如这些氧化物加入量均为 4% 时，FeO 使熔渣溶化性温度降低 88℃，而 B₂O₃ 为 60℃，MnO 仅为 14℃。X. H. Huang 等人[113]提出了硅酸盐熔体黏度模型，依据该模型得到不同氧化物降低黏度的能力次序为 FeO>MnO>CaO>MgO，本研究结果与此模型结果一致。

D　FeO 和 B₂O₃ 对 La₂O₃-SiO₂-Al₂O₃ 三元渣系黏度及熔化性温度的影响

La₂O₃-SiO₂-Al₂O₃-FeO-B₂O₃ 渣系成分、1550℃ 时的恒温黏度及熔渣熔化性温度结果见表 3-12，降温黏度曲线如图 3-16 所示。

表 3-12 **La$_2$O$_3$-SiO$_2$-Al$_2$O$_3$-FeO-B$_2$O$_3$ 渣系恒温黏度及熔化性温度**

渣样号	渣系成分（质量分数）/%					恒温黏度 η/Pa·s	熔化性温度/℃
	La$_2$O$_3$	SiO$_2$	Al$_2$O$_3$	FeO	B$_2$O$_3$		
8 号	55	30	15	0	0	1.2296	1461
22 号	54.60	22.75	13.65	6	3	0.2167	1308
23 号	54.00	22.50	13.50	6	4	0.2233	1307
24 号	53.40	22.25	13.35	8	3	0.1831	1302
25 号	52.80	22.00	13.20	8	4	0.2006	1280

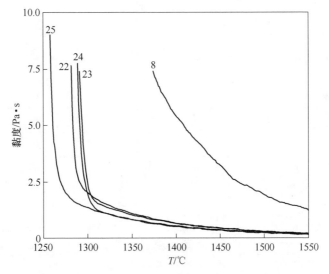

图 3-16 La$_2$O$_3$-SiO$_2$-Al$_2$O$_3$-FeO-B$_2$O$_3$ 渣系黏度曲线

由表 3-12 和图 3-16 可以看出，FeO 和 B$_2$O$_3$ 的加入可使熔化性温度降低 150~200℃之间，FeO、B$_2$O$_3$ 对黏度和熔化性温度的降低具有叠加效应；FeO 和 B$_2$O$_3$ 的同时加入使熔渣的性能发生了变化，曲线出现了明显的拐点，呈现"短渣"的特点，两种氧化物的加入，使熔渣出现更为复杂的低熔点化合物，使复合的阴离子团解体，从而可以大幅度的降低黏度和熔化性温度。

3.2.4 （Pr,Nd)O$_x$-SiO$_2$-Al$_2$O$_3$ 基熔渣的黏度

本节及 3.2.5 节研究的内容与 3.1.3 节和 3.1.4 节相似，首先以 La$_2$O$_3$ 为代表研究稀土含量较高时，REO-SiO$_2$-Al$_2$O$_3$ 基熔渣体系黏度和熔化性温度的变化规律，进而以镨钕氧化物（Pr,Nd)O$_x$ 代替 La$_2$O$_3$，以镧铈氧化物（La,Ce)O$_x$ 代替 La$_2$O$_3$，对（Pr,Nd)O$_x$ 及（La,Ce)O$_x$ 渣系的黏度和熔化性温度的变化规律进行了

研究。

选择(Pr,Nd)Oₓ 和 La₂O₃ 质量分数分别为 55%、60% 和 65%，B₂O₃ 质量分数为 4%，考察组元 FeO 含量的变化对渣系黏度的影响，其渣系成分、恒温(1550℃) 黏度和熔化性温度结果列于表 3-13，黏度曲线如图 3-17 所示。

表 3-13 La₂O₃ 和(Pr,Nd)Oₓ渣系成分（质量分数）、恒温黏度及熔化性温度

渣样号	渣系成分/%						黏度 $\eta/\text{Pa}\cdot\text{s}$	熔化性温度 /℃
	La₂O₃	(Pr,Nd)Oₓ	SiO₂	Al₂O₃	FeO	B₂O₃		
26 号	55	—	26.00	13.00	2	4	0.4638	1370
27 号	55	—	22.70	11.30	7	4	0.2945	1321
28 号	60	—	22.70	11.30	2	4	0.3205	1392
29 号	60	—	19.30	9.70	7	4	0.2234	1341
30 号	65	—	19.30	9.70	2	4	0.2283	1470
31 号	65	—	16.00	8.00	7	4	0.1149	1485
32 号	—	55	26.00	13.00	2	4	0.3163	1328
33 号	—	55	22.70	11.30	7	4	0.1589	1260
34 号	—	60	22.70	11.30	2	4	0.2870	1371
35 号	—	60	19.30	9.70	7	4	0.1233	1334
36 号	—	65	19.30	9.70	2	4	0.1540	1442
37 号	—	65	16.00	8.00	7	4	0.1010	1462

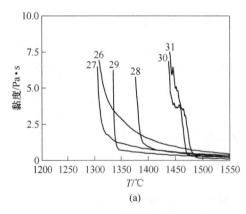

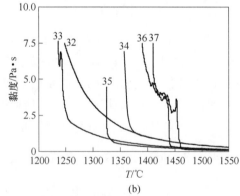

(a)　　　　　　　　　　　(b)

图 3-17 La₂O₃ 和(Pr,Nd)Oₓ渣系降温黏度曲线图

(a) La₂O₃ 渣系；(b) (Pr,Nd)Oₓ渣系

由表 3-13 和图 3-17 可知，La₂O₃ 渣系和(Pr,Nd)Oₓ渣系具有相类似的规律，

当 FeO 含量一定时，熔渣的熔化性温度随 La_2O_3 或 $(Pr,Nd)O_x$ 含量的增加而升高，而恒温（1550℃）黏度随 La_2O_3 或 $(Pr,Nd)O_x$ 含量的增加而降低；当 La_2O_3 或 $(Pr,Nd)O_x$ 含量一定时，恒温（1550℃）黏度随 FeO 含量的增加而降低，其熔化性温度在 La_2O_3 或 $(Pr,Nd)O_x$ 含量为 55% 和 60% 时，随 FeO 含量的增加而降低，但在 La_2O_3 或 $(Pr,Nd)O_x$ 含量为 65% 时，随 FeO 含量的增加反而有所升高，这可能是由于，La_2O_3 或 $(Pr,Nd)O_x$ 含量太高（65%）时，熔渣碱度太高，导致其物理稳定性下降，虽然提高 FeO 含量，可使其恒温黏度降低，但由于其受温度的影响十分敏感，导致拐点温度升高。

图 3-17 表明，熔渣的降温黏度曲线在 La_2O_3 或 $(Pr,Nd)O_x$ 含量为 55% 时，呈现"长渣"的特性，黏度的变化是连续的、渐变的，没有明显的拐点；随 La_2O_3 或 $(Pr,Nd)O_x$ 含量增加，当其含量大于 60% 时，曲线出现明显的拐点，呈现"短渣"的特性。在同一 La_2O_3 或 $(Pr,Nd)O_x$ 含量下，随 FeO 含量的增加，黏度曲线出现拐点的程度明显加强。

表 3-13 表明，REO 含量为 55%、FeO 含量为 7% 时，两渣系分别具有最低的熔化性温度，如 27 号的熔化性温度为 1321℃，33 号的熔化性温度为 1260℃，这两种渣系渣金熔分过程顺利，渣金分离彻底，但两渣系各自所对应的 REO 含量较 29 号和 35 号低，而 29 号和 35 号其熔化温度相对低（1341℃和1334℃），故对于 La_2O_3 和 $(Pr,Nd)O_x$ 渣系，理想的熔渣体系组成分别为 29 号和 35 号，不但稀土氧化物含量高且熔化性温度适宜，是最优的熔渣配比。相同配比的渣系中，$(Pr,Nd)O_x$ 渣系的熔化性温度和恒温（1550℃）黏度均低于 La_2O_3 渣系，对于稀土钕铁硼废料，采用 $(Pr,Nd)O_x$ 渣系与实际渣系更相符，但由于两渣系具有相同的规律，故可以用 La_2O_3 渣系代替 $(Pr,Nd)O_x$ 渣系研究其基本规律。与熔化温度研究结果相一致。

3.2.5 $(La,Ce)O_x$-SiO_2-Al_2O_3 基熔渣的黏度

选择 $(La,Ce)O_x$ 和 La_2O_3 质量分数分别为 55% 和 60%，MnO 质量分数为 7% 时，渣系成分、恒温（1550℃）黏度和熔化性温度结果列于表 3-14，黏度曲线如图 3-18 所示。

表 3-14 La_2O_3 和 $(La,Ce)O_x$ 渣系成分（质量分数）、恒温黏度及熔化性温度

渣样号	渣系成分/%					黏度 η/Pa·s	熔化性温度/℃
	La_2O_3	$(La, Ce)O_x$	SiO_2	Al_2O_3	MnO		
38 号	55	—	25.30	12.70	7	0.4468	1474
39 号	60	—	22.00	11.00	7	0.4803	1543
41 号	—	55	25.30	12.70	7	0.4431	1465
42 号	—	60	22.00	11.00	7	0.3612	1537

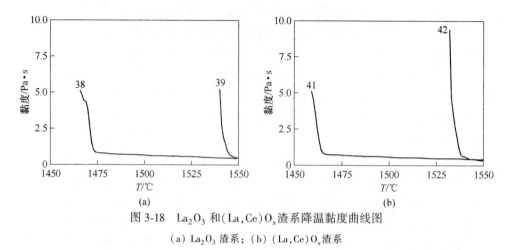

图 3-18 La$_2$O$_3$ 和 (La,Ce)O$_x$ 渣系降温黏度曲线图

(a) La$_2$O$_3$ 渣系；(b) (La,Ce)O$_x$ 渣系

由表 3-14 和图 3-18 可知，La$_2$O$_3$ 渣系和 (La,Ce)O$_x$ 渣系具有相类似的规律，随着 La$_2$O$_3$ 或 (La,Ce)O$_x$ 质量分数的增加，熔渣的熔化性温度迅速上升，两种渣系恒温 (1550℃) 黏度较高，熔化性温度很高。当 La$_2$O$_3$ 或 (La,Ce)O$_x$ 质量分数为 60% 时，两渣系的熔化性温度分别为 1543℃ 和 1537℃，若进一步提高 La$_2$O$_3$ 或 (La,Ce)O$_x$ 质量分数为 65% 时，熔化性温度将会进一步升高，为了能够保证渣金熔分过程的顺利进行，对于镍氢电池废料，La$_2$O$_3$ 或 (La,Ce)O$_x$ 质量分数为 55%，是一种适宜的熔渣体系。MnO 可降低熔渣的黏度和熔化性温度，MnO 含量越高，作用越明显。在相同配比的渣系中，(La,Ce)O$_x$ 渣系的熔化性温度和恒温黏度均低于 La$_2$O$_3$ 渣系，对于镍氢电池废料，采用 (La,Ce)O$_x$ 渣系与实际渣系更相符，但两渣系具有相同的规律，故可以用 La$_2$O$_3$ 渣系代替 (La,Ce)O$_x$ 渣系研究其基本规律。与熔化温度研究结果相一致。

刘海斌[115] 针对分析纯化学试剂配制的渣系 CaO-Al$_2$O$_3$-SiO$_2$-MgO-CaF$_2$-MnO，研究了一定碱度 ($R = 0.9$) 下，MnO 含量变化对熔渣黏度及熔化性温度的影响，研究结果表明：MnO 含量在 0.5% ~ 3.0% 之间，随 MnO 含量的增加，熔渣的黏度逐渐降低，且黏度曲线没有明显的拐点，呈"长渣"特性。MnO 的加入能促进熔渣生成钙镁、钙铝黄长石及锰的复杂化合物，这些物质能有效降低熔渣的熔化性温度及黏度。

3.2.6 小结

本节采用旋转柱体法对 REO-SiO$_2$-Al$_2$O$_3$ 基熔渣体系黏度和熔化性温度的规律进行了研究，得到以下结论：

（1）对于 La$_2$O$_3$-SiO$_2$-Al$_2$O$_3$ 三元渣系，在三种 La$_2$O$_3$ 含量（质量分数分别为 45%、50%、55%）下：La$_2$O$_3$ 含量一定时，SiO$_2$ 含量越低，Al$_2$O$_3$ 含量越高，

熔渣黏度越低；La$_2$O$_3$ 含量越高，熔渣黏度越低。

（2）少量次要组元 B$_2$O$_3$、MnO、FeO 均可以降低 La$_2$O$_3$-SiO$_2$-Al$_2$O$_3$ 三元渣系的黏度和熔化性温度，其中 FeO 的效果尤为显著，其次为 B$_2$O$_3$，最后为 MnO。同时配加少量 FeO 和 B$_2$O$_3$，对熔渣的黏度和熔化性温度的降低具有叠加效应，可使熔化性温度降低 150~200℃，熔渣的性能发生了变化，曲线出现了明显的拐点，呈现"短渣"的特点。

（3）（Pr,Nd）O$_x$ 和（La,Ce）O$_x$ 熔渣体系黏度测定表明：REO-SiO$_2$-Al$_2$O$_3$-FeO-B$_2$O$_3$ 渣系的熔化性温度和黏度随 REO 含量的增加而升高，随 FeO 含量增加而呈降低趋势；REO-SiO$_2$-Al$_2$O$_3$-MnO 渣系的熔化性温度和黏度随 REO 含量增加而升高。

（4）60%La$_2$O$_3$-19.3%SiO$_2$-9.7%Al$_2$O$_3$-7%FeO-4%B$_2$O$_3$ 可参考作为钕铁硼废料的基础渣系，稀土氧化物含量高、熔化性温度和黏度适宜，是最优的熔渣配比；55%La$_2$O$_3$-25.3%SiO$_2$-12.7%Al$_2$O$_3$-7%MnO 可参考作为镍氢电池废料的基础渣系，稀土氧化物含量适中，熔化性温度和黏度适宜，是最优的熔渣配比，和熔化温度研究结果一致。

3.3　REO-SiO$_2$-Al$_2$O$_3$ 基熔渣体系中稀土相结晶析出的研究

3.1 节和 3.2 节熔渣熔化温度和黏度的研究结果表明：60%La$_2$O$_3$-19.3%SiO$_2$-9.7%Al$_2$O$_3$-7%FeO-4%B$_2$O$_3$ 可参考作为钕铁硼废料的基础渣系；55%La$_2$O$_3$-25.3%SiO$_2$-12.7%Al$_2$O$_3$-7%MnO 可参考作为镍氢电池废料的基础渣系，而表 3-15 中的 27 号、29 号、31 号和 38 号熔渣具有较好的物化特性，即具有较低的熔化温度和熔化性温度，熔渣流动性能良好，能保证渣金熔分过程的顺利进行。熔渣中稀土物相的结构和性质决定着后续湿法提取稀土的难易程度，为了全面了解作为钕铁硼废料和镍氢电池废料参考渣系附近不同配比的熔渣体系在快速冷却过程中，熔渣中稀土结晶相结构和性质，本节以表 3-15 中的熔渣为原料，采用水淬法，研究不同温度对熔渣中稀土析出相的微观形貌和化学组成的影响。

3.3.1　实验原料及设备

实验以 La$_2$O$_3$-SiO$_2$-Al$_2$O$_3$ 基熔渣为原料，其化学成分及熔渣物化特性如表 3-15所示。设备为立式 MoSi$_2$ 高温炉。

表 3-15　La$_2$O$_3$-SiO$_2$-Al$_2$O$_3$ 基熔渣化学成分（质量分数）**及熔渣物化特性**

渣样号	渣系成分/%						特征温度/℃			熔化性温度/℃
	La$_2$O$_3$	SiO$_2$	Al$_2$O$_3$	FeO	B$_2$O$_3$	MnO	软化温度	半球点温度	流动温度	
27 号	55	22.70	11.30	7	4	—	1160	1178	1195	1321

渣样号	渣系成分/%						特征温度/℃			熔化性温度/℃
	La$_2$O$_3$	SiO$_2$	Al$_2$O$_3$	FeO	B$_2$O$_3$	MnO	软化温度	半球点温度	流动温度	
29 号	60	19.30	9.70	7	4	—	1276	1284	1310	1341
31 号	65	16.00	8.00	7	4	—	1324	1352	1371	1485
38 号	55	25.30	12.70	—	—	7	1220	1250	1275	1474

3.3.2　实验方法

　　准确称量 La$_2$O$_3$-SiO$_2$-Al$_2$O$_3$ 基熔渣 9g，放入钼坩埚（$\phi_内$18mm×$H_内$25mm）内，将钼坩埚放入立式 MoSi$_2$ 高温炉内，在氩气保护气氛下以 4℃/min 的速率升温到 1550℃保温 0.5h 使其熔化均匀，然后按程序以 4℃/min 速率降温到指定温度，取出钼坩埚，水淬急冷坩埚及其内部渣料，冷却后挤碎钼坩埚，取出渣料，由于冷却速度快，渣样呈现"指定温度"下的物相特征。部分经破碎，玛瑙研钵磨到 0.075mm 以下进行 X 射线衍射结构分析，另一部分进行扫描电镜和能谱微区成分分析。

3.3.3　La$_2$O$_3$-SiO$_2$-Al$_2$O$_3$-FeO-B$_2$O$_3$ 熔渣结晶析出

　　3.3.3.1　55%La$_2$O$_3$-22.70%SiO$_2$-11.3%Al$_2$O$_3$-7%FeO-4%B$_2$O$_3$ 熔渣结晶析出

　　实验以 55%La$_2$O$_3$-22.70%SiO$_2$-11.3%Al$_2$O$_3$-7%FeO-4%B$_2$O$_3$ 熔渣为原料，以熔渣的熔化温度和熔化性温度为依据，研究了 1320℃、1280℃、1240℃、1200℃、1180℃、1135℃下，通过水淬法，强制熔渣冷却析出，探索渣中稀土相赋存状态及其特征。

　　水淬温度为 1320℃、1280℃、1240℃、1200℃时，得到的熔渣，X 射线衍射结构分析表明，熔渣为非晶态，通过扫描电镜观察其形貌，发现没有结晶析出相，说明温度大于 1200℃时，熔渣为均匀的单一相，没有稀土相析出。实验选水淬温度为 1240℃、1180℃和 1135℃的熔渣放大 200 倍进行扫描电镜分析，其微区形貌及能谱分析，如图 3-19 和表 3-16 所示。渣样的 X 射线衍射分析如图 3-20 所示。

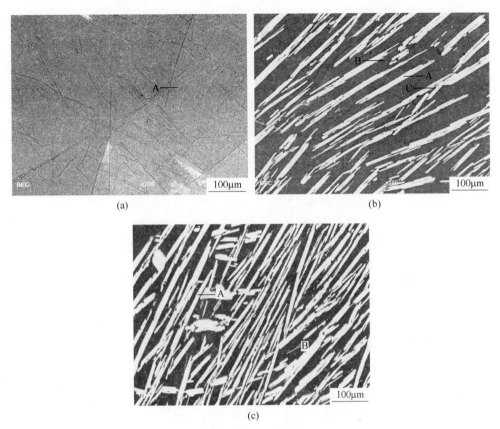

图 3-19 不同水淬温度下渣样的扫描电镜图

（a）1240℃；（b）1180℃；（c）1135℃

表 3-16 不同水淬温度下渣样的微区能谱分析结果

水淬温度/℃	微区	元素质量分数/%				
		O	Al	Si	La	Fe
1240	A	17.12	7.55	15.69	53.52	6.12
1180	A	16.68	0.00	15.54	67.78	0.00
1180	B	17.14	11.31	16.05	46.73	8.77
1180	C	14.45	4.98	15.02	62.38	3.17
1135	A	14.57	0.00	15.98	69.46	0.00
1135	B	18.53	12.08	16.14	43.69	9.57

由图 3-19（a）中的微区形貌可见，渣样为均匀的一个相，没有结晶析出相，能谱分析表明，其化学组成与熔渣化学组成相似，X 射线衍射结构分析说明熔渣为非晶态。由图 3-19（b）、（c）和表 3-16 可知，水淬渣样的微区形貌由两相组

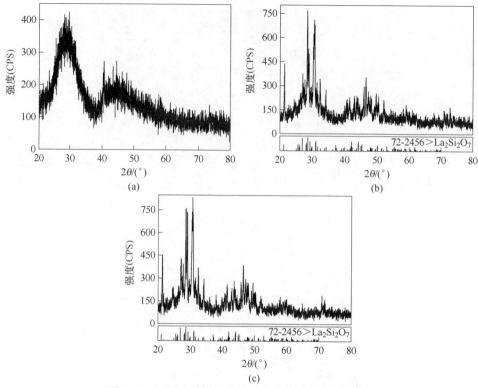

图 3-20 不同水淬温度下渣样的 X 射线衍射分析图

(a) 1240℃；(b) 1180℃；(c) 1135℃

成，灰黑色为基底相，主要是由 O、Al、Si、La、Fe 等元素组成的玻璃相，两个水淬温度下，基底相 B 的化学成分基本一致；白色的为稀土结晶析出相，主要由 La、Si、O 组成，析出相 A 的化学组成基本一致；两个水淬温度下的 C 相是基底相和析出相的混合相，微区能谱分析可知，其 La 的质量分数小于析出相而大于基底相，稀土析出相为六棱柱条状晶，随着水淬温度的降低，条状晶沿横向方向不断长大，其长度可达几百微米，而宽度几乎不变，小于 10μm。由图 3-20 可知，稀土析出相为 La$_2$Si$_2$O$_7$。

3.3.3.2　60%La$_2$O$_3$-19.30%SiO$_2$-9.70%Al$_2$O$_3$-7%FeO-4%B$_2$O$_3$ 熔渣结晶析出

实验以 60%La$_2$O$_3$-19.30%SiO$_2$-9.70%Al$_2$O$_3$-7%FeO-4%B$_2$O$_3$ 熔渣为原料，以熔化温度、熔化性温度为依据，选择 1340℃、1320℃、1300℃、1280℃、1250℃作为水淬温度，通过水淬法，研究渣中稀土相赋存状态及其演变规律。

水淬温度为 1340℃时，得到的水淬渣，X 射线衍射结构分析表明，熔渣为非晶态，熔渣 200 倍扫描电镜、微区形貌及能谱分析，如图 3-21（a）和表 3-17 所示，由微区形貌可见，渣样为均匀的一个相，没有结晶析出相，能谱分析表明，其化学组成与熔渣化学组成相似。

　　1320℃、1300℃、1280℃、1250℃水淬渣样 200 倍扫描电镜、微区形貌及能谱分析如图 3-21(b)~(e)和表 3-17 所示。不同水淬温度下渣样的 X 射线衍射分析，如图 3-22 所示。

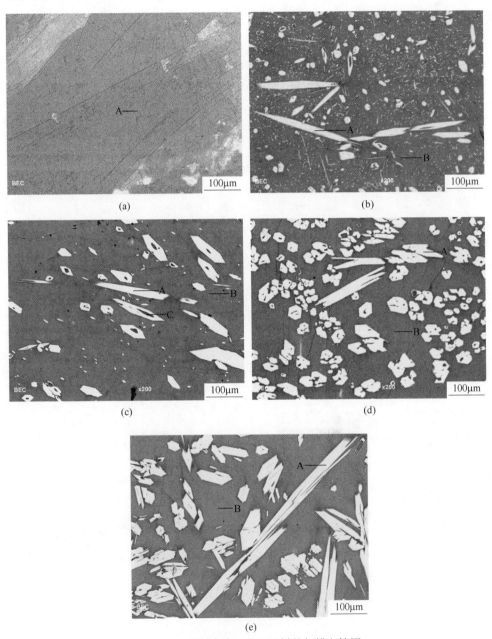

(a)　　　　　　　　　　　　(b)

(c)　　　　　　　　　　　　(d)

(e)

图 3-21　不同水淬温度下渣样的扫描电镜图

(a) 1340℃；(b) 1320℃；(c) 1300℃；(d) 1280℃；(e) 1250℃

表 3-17　不同水淬温度下渣样的微区能谱分析结果

水淬温度/℃	微区	元素质量分数/%				
		O	Al	Si	La	Fe
1340	A	14.77	6.60	13.80	58.03	6.79
1320	A	12.31	0.00	12.43	75.26	0.00
1320	B	16.70	7.54	13.96	54.59	7.20
1300	A	10.88	0.00	12.45	76.67	0.00
1300	B	15.45	7.46	14.06	55.39	7.64
1300	C	16.12	9.42	14.41	51.49	8.55
1280	A	13.71	0.00	17.21	69.08	0.00
1280	B	16.21	8.15	12.39	54.34	8.90
1250	A	12.73	0.00	14.57	72.70	0.00
1250	B	15.23	9.11	12.64	52.93	10.09

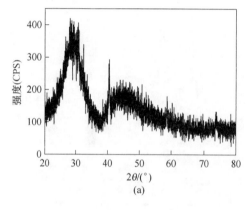

(a)

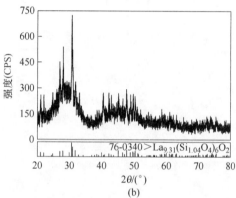

(b)

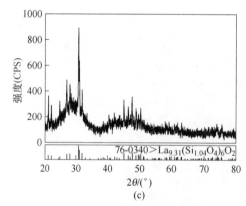

(c)

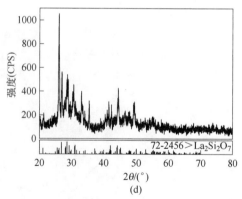

(d)

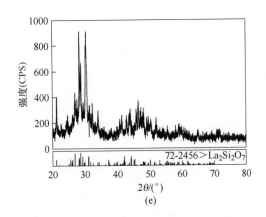

图 3-22　不同水淬温度下渣样的 X 射线衍射分析图

（a）1340℃；（b）1320℃；（c）1300℃；（d）1280℃；（e）1250℃

由图 3-21（b）~（e）和表 3-17 可知，水淬渣样的微区形貌由两相组成，灰黑色的为基底相，主要是由 O、Al、Si、La、Fe 等元素组成的玻璃相，不同水淬温度（1320℃、1300℃、1280℃、1250℃）下，基底相 B 的化学成分基本一致；而基底相 C 中的 La 的质量分数均低于基底相 B。白色的为稀土结晶析出相，主要由 La、Si、O 组成，1320℃和1300℃两温度下的稀土析出相 A 的化学成分基本相同，但均比 1280℃和1250℃下，析出相 A 中 La 的质量分数高 6%~8%，析出相 A 中 La 的质量分数的变化主要由析出相的结构决定。图 3-22 的 XRD 结构分析表明，随着水淬温度的降低，析出相结构发生了变化，1320℃和1300℃时，析出相为 La$_{9.31}$(Si$_{1.04}$O$_4$)$_6$O$_2$，而 1280℃和1250℃时转变为 La$_2$Si$_2$O$_7$，随水淬温度降低，析出相中 La 与 Si 的质量分数之比降低，故析出相 A 中 La 的质量分数有所降低。由图 3-21 可知，稀土析出相形貌多数呈现为大小不一的多边形条状晶，有部分呈现为形状规则的六边形条状晶。随着水淬温度的降低，析出相不断长大，条状晶由高温 1320℃ 时的 100μm 左右可长大到低温 1250℃ 时的 300~400μm。

3.3.3.3　65%La$_2$O$_3$-16%SiO$_2$-8%Al$_2$O$_3$-7%FeO-4%B$_2$O$_3$ 熔渣结晶析出

实验以 65%La$_2$O$_3$-16%SiO$_2$-8%Al$_2$O$_3$-7%FeO-4%B$_2$O$_3$ 的熔渣为原料，以熔渣的熔化性温度、熔化温度为依据，选择 1485℃、1455℃、1420℃、1400℃、1319℃、1299℃作为水淬温度进行了研究。

不同水淬温度下，水淬渣样的 200 倍扫描电镜、微区形貌及能谱分析如图 3-23和表 3-18 所示，水淬渣样的微区形貌由两相组成，灰黑色的为基底相，主要是由 O、Al、Si、La、Fe 等元素组成的玻璃相，微区 C 中稀土 La 含量低于微区

B；不同水淬温度下的微区 B 化学组成和含量几乎相同；白色相为稀土析出相，主要由 La、Si、O 组成，随水淬温度降低，微区 A 中 La 质量分数有所降低，降低约 2%，主要是由析出相结构变化所引起的。

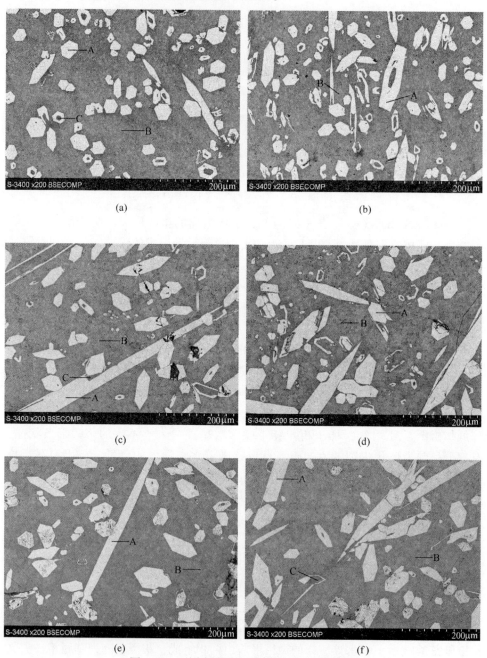

(a)　　　　　　　　　　　(b)

(c)　　　　　　　　　　　(d)

(e)　　　　　　　　　　　(f)

图 3-23　不同水淬温度下渣样的扫描电镜图

（a）1485℃；（b）1455℃；（c）1420℃；（d）1400℃；（e）1319℃；（f）1299℃

表 3-18 不同水淬温度下渣样的微区能谱分析结果

水淬温度/℃	微区	元素质量分数/%				
		O	Al	Si	La	Fe
1485	A	7.62	0.00	9.14	83.24	0.00
1485	B	10.33	6.15	9.30	67.57	6.64
1485	C	10.77	8.43	9.33	62.22	9.25
1455	A	7.97	0.00	9.13	82.90	0.00
1455	B	10.79	5.58	9.60	67.57	6.46
1420	A	9.25	0.00	8.89	81.86	0.00
1420	B	12.91	5.37	8.82	66.22	6.67
1420	C	13.77	8.21	8.79	60.27	8.95
1400	A	9.85	0.00	9.02	81.13	0.00
1400	B	13.21	5.73	9.01	65.29	6.76
1319	A	9.26	0.00	9.06	81.69	0.00
1319	B	12.37	5.86	9.42	65.39	6.96
1299	A	9.77	0.00	8.60	81.63	0.00
1299	B	13.45	6.18	9.04	64.85	6.48
1299	C	12.93	7.50	9.65	62.07	7.85

由图 3-24 可知，熔渣中稀土析出相结构演变规律为：当熔渣温度大于熔化性温度时，熔渣处于均匀单一稳定的液相，流动性能良好，随着熔渣温度降低，达到熔化性温度时，即 1485℃，开始有初晶产生，此时熔渣的析出相为 $La_{4.67}(SiO_4)_3O$；当熔渣温度继续下降到 1455℃时，开始有新相析出，此时熔渣析出相为 $La_{4.67}(SiO_4)_3O$ 和 $La_{9.31}(Si_{1.04}O_4)_6O_2$；熔渣温度继续下降，在 1420℃时，熔渣只有一个相，为 $La_{9.31}(Si_{1.04}O_4)_6O_2$，故熔渣从 1455℃下降到 1420℃过程中，析出相 $La_{4.67}(SiO_4)_3O$ 逐渐减少而 $La_{9.31}(Si_{1.04}O_4)_6O_2$ 逐渐增多，直至最后完全被 $La_{9.31}(Si_{1.04}O_4)_6O_2$ 取代；随后温度继续下降，没有新相产生，在 1400℃、1319℃、1299℃时，熔渣只有一个相，为 $La_{9.31}(Si_{1.04}O_4)_6O_2$。

熔渣中稀土析出相形貌的变化规律为：在温度较高时（1485℃），稀土析出相为 $La_{4.67}(SiO_4)_3O$，其形貌多数呈现为大小不一的多边形条状晶，大者截面约 40~50μm，小者截面约 10~20μm，长度约 50μm；随着温度的降低，在 1455℃时，稀土析出相增加为两相，分别为 $La_{4.67}(SiO_4)_3O$ 和 $La_{9.31}(Si_{1.04}O_4)_6O_2$，其形貌呈现，条状晶增多，且有长大的趋势，条状晶长大到长度约 70μm，宽度约 40μm；随着温度进一步降低，从 1420℃、1400℃、1319℃、1299℃水淬温度来看，稀土析出相只有一相，为 $La_{9.31}(Si_{1.04}O_4)_6O_2$，其形貌呈现，条状晶逐渐增多，且逐渐长大。

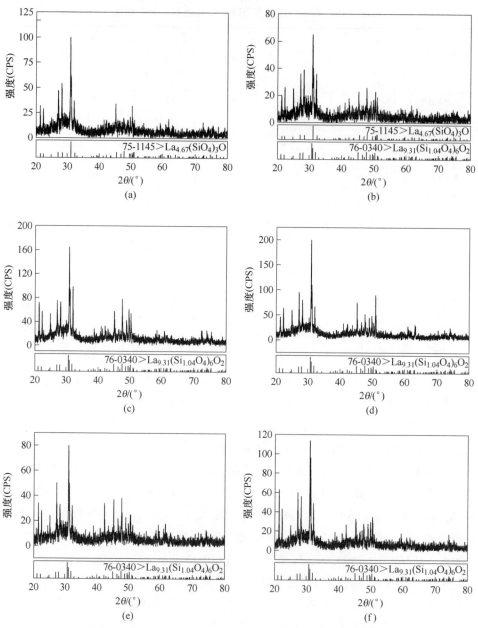

图 3-24　不同水淬温度下渣样的 X 射线衍射分析图

（a）1485℃；（b）1455℃；（c）1420℃；（d）1400℃；（e）1319℃；（f）1299℃

3.3.4　La$_2$O$_3$-SiO$_2$-Al$_2$O$_3$-MnO 熔渣结晶析出

实验以 55%La$_2$O$_3$-25.30%SiO$_2$-12.70%Al$_2$O$_3$-7%MnO 熔渣为原料，以熔渣的

熔化温度和熔化性温度为依据，研究了 1475℃、1425℃、1375℃、1275℃、
1245℃、1195℃下，通过水淬法，强制熔渣冷却析出，探索渣中稀土相赋存状态
及其特征。

水淬渣样 200 倍扫描电镜、微区形貌及能谱分析如图 3-25 和表 3-19 所示。

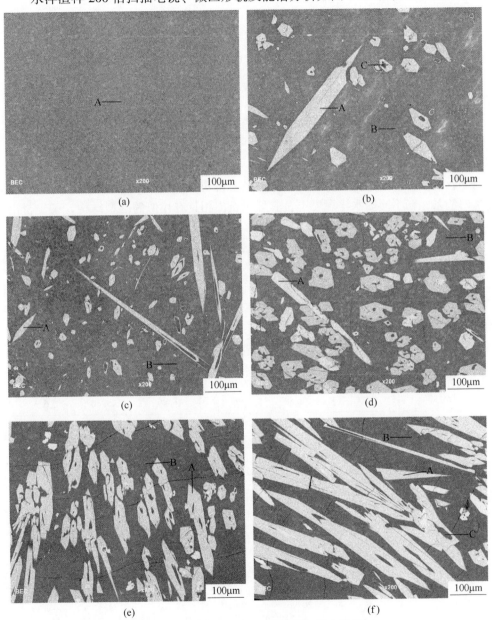

图 3-25　不同水淬温度下渣样的扫描电镜图

（a）1475℃；（b）1425℃；（c）1375℃；（d）1275℃；（e）1245℃；（f）1195℃

不同水淬温度下渣样的 X 射线衍射分析，如图 3-26 所示。由图 3-25(a)和表 3-19 可知，水淬温度为 1475℃时，渣样为均匀的一个相，没有结晶析出相，能谱分析表明，其化学组成与熔渣化学组成相似，X 射线衍射结构分析表明，熔渣为非晶态。

图 3-25 水淬渣样的微区形貌表明，水淬温度为 1425℃、1375℃、1275℃、1245℃、1195℃时，微区形貌均由两相组成，灰黑色为基底相，主要是由 O、Al、Si、La、Mn 等元素组成的玻璃相，白色的为稀土结晶析出相，主要由 La、Si、O 组成；水淬温度为 1425℃、1375℃时，各自的玻璃相、稀土析出相化学成分相近，而水淬温度为 1275℃、1245℃、1195℃时，各自的玻璃相、稀土析出相的化学成分相近，结合图 3-25 可知，前者温度段稀土析出相为 La$_{9.31}$(Si$_{1.04}$O$_4$)$_6$O$_2$ 而后者为 La$_2$Si$_2$O$_7$，表明随水淬温度的降低，稀土析出相结构发生了变化，与 La$_2$O$_3$-SiO$_2$-Al$_2$O$_3$-FeO-B$_2$O$_3$ 渣系相比，两渣系稀土析出相均为氧基磷灰石型硅酸镧，具有低对称性结构，属于六方晶系，说明对于以 La$_2$O$_3$-SiO$_2$-Al$_2$O$_3$ 为基的系列渣系，在不同的水淬温度下，其稀土析出相具有相似的晶型结构。稀土析出相的长大方式与 La$_2$O$_3$-SiO$_2$-Al$_2$O$_3$-FeO-B$_2$O$_3$ 渣系也类似，随着水淬温度的降低，六棱柱条状晶沿横向方向不断长大，在水淬温度为 1195℃时，其长度可达几百微米。

表 3-19　不同水淬温度下渣样的微区能谱分析结果

水淬温度/℃	微区	元素质量分数/%				
		O	Al	Si	La	Mn
1475	A	19.48	9.32	16.89	48.32	5.98
1425	A	15.42	0.00	14.30	70.28	0.00
1425	B	18.68	9.71	16.49	48.80	6.31
1425	C	19.60	11.17	17.30	45.53	6.40
1375	A	16.08	0.00	13.50	70.42	0.00
1375	B	20.06	9.79	17.27	46.80	6.08
1275	A	17.90	0.00	16.80	65.30	0.00
1275	B	20.39	14.31	15.88	38.69	10.73
1245	A	17.24	0.00	16.71	66.05	0.00
1245	B	21.35	13.48	16.67	39.39	9.10
1195	A	16.24	0.00	18.16	65.60	0.00
1195	B	20.96	13.91	16.62	39.32	9.19
1195	C	21.43	15.36	16.43	36.62	10.15

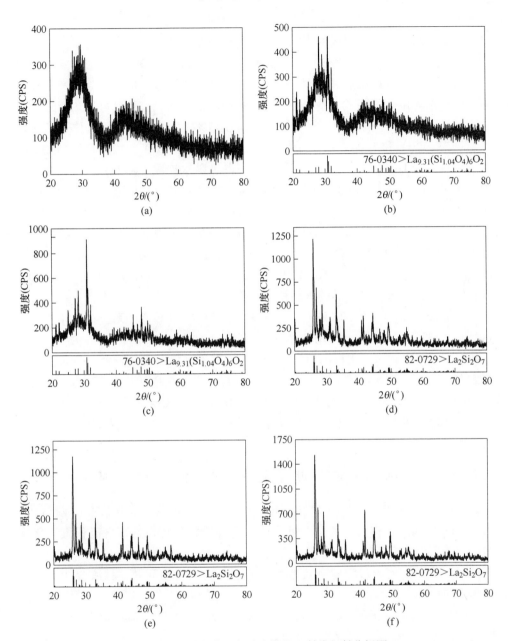

图 3-26　不同水淬温度时渣样的 X 射线衍射分析图

(a) 1475℃；(b) 1425℃；(c) 1375℃；(d) 1275℃；(e) 1245℃；(f) 1195℃

3.3.5　小结

REO-SiO$_2$-Al$_2$O$_3$ 基熔渣体系中稀土物相的结构和性质决定着后续湿法提取

稀土的难易程度，基于此，本节采用水淬法，研究不同水淬温度对熔渣中稀土析出相的微观形貌和化学组成的影响规律，得到以下结论：

（1）55%La$_2$O$_3$-22.70%SiO$_2$-11.30%Al$_2$O$_3$-7%FeO-4%B$_2$O$_3$ 熔渣体系，在水淬温度为 1180℃ 和 1135℃ 时，析出相均为 La$_2$Si$_2$O$_7$；稀土析出相为六棱柱条状晶，随着水淬温度的降低，条状晶延横向方向不断长大，其长度可达几百微米。

（2）60%La$_2$O$_3$-19.30%SiO$_2$-9.70%Al$_2$O$_3$-7%FeO-4%B$_2$O$_3$ 熔渣体系，在水淬温度为 1320℃ 和 1300℃ 时，析出相为 La$_{9.31}$(Si$_{1.04}$O$_4$)$_6$O$_2$，1280℃ 和 1250℃ 时析出相转变为 La$_2$Si$_2$O$_7$；析出相多数为条状晶，随水淬温度降低，析出相不断长大，条状晶由高温 1320℃ 时的 100μm 左右可长大到低温 1250℃ 时的 300～400μm。

（3）65%La$_2$O$_3$-16%SiO$_2$-8%Al$_2$O$_3$-7%FeO-4%B$_2$O$_3$ 熔渣体系，在 1485℃ 时，析出相为 La$_{4.67}$(SiO$_4$)$_3$O，在 1455℃ 时，析出相转变为 La$_{4.67}$(SiO$_4$)$_3$O 和 La$_{9.31}$(Si$_{1.04}$O$_4$)$_6$O$_2$，在 1400℃、1319℃、1299℃ 时，析出相为 La$_{9.31}$(Si$_{1.04}$O$_4$)$_6$O$_2$；随水淬温度的降低，条状晶的析出相逐渐长大。

（4）55%La$_2$O$_3$-25.30%SiO$_2$-12.70%Al$_2$O$_3$-7%MnO 熔渣体系，在水淬温度为 1425℃、1375℃ 时，稀土析出相为 La$_{9.31}$(Si$_{1.04}$O$_4$)$_6$O$_2$，水淬温度为 1275℃、1245℃、1195℃ 时，稀土析出相为 La$_2$Si$_2$O$_7$；随着水淬温度的降低，条状晶沿横向方向不断长大，在水淬温度为 1195℃ 时，其长度可达几百微米。

（5）对于 La$_2$O$_3$-SiO$_2$-Al$_2$O$_3$-FeO-B$_2$O$_3$ 渣系和 La$_2$O$_3$-SiO$_2$-Al$_2$O$_3$-MnO 渣系，在不同水淬温度下，稀土析出相具有相似的晶型结构，均为氧基磷灰石型硅酸镧，属于六方晶系。

3.4 钕铁硼和镍氢电池两种废料还原产物渣金熔分的研究

钕铁硼废料、镍氢电池废料经 H$_2$ 选择性还原后的物料在渣金熔分过程中，采用 SiO$_2$ 和 Al$_2$O$_3$ 作为造渣剂，可形成具有合适物化特性的富含高稀土氧化物的熔渣体系，该熔渣体系具有以下优点：

（1）在渣金熔分过程中有效地解决了刚玉坩埚腐蚀问题，且渣金间不存在化学反应，不引入其他杂质。

（2）渣金熔分得到的熔渣体系具有合适的熔化温度、黏度和熔化性温度等性质，保证了渣金熔分过程的顺利进行。

（3）渣金熔分回收高纯度有价合金的同时，保障了熔渣中稀土氧化物的含量高，减少了后续湿法浸出过程中酸消耗量，提高了酸的利用率。

本节分别以钕铁硼废料、镍氢电池废料经 H$_2$ 选择性还原处理后的物料为原料，配入造渣剂 Al$_2$O$_3$ 和 SiO$_2$ 进行渣金熔分，实验首先进行熔渣体系设定，从理论上确定造渣剂加入量以及渣金熔分得到的熔渣体系成分，进而采用化学分析法确定熔渣体系的化学成分，并采用半球法测定熔渣的熔化温度、采用旋转圆柱法测定熔渣的黏度。

在渣金熔分过程中，观察渣金分离效果，观察刚玉坩埚腐蚀情况，适宜的熔渣体系应保证渣金顺利分离，刚玉坩埚不受腐蚀或腐蚀轻微，且熔化温度和熔化性温度不宜太高，渣中稀土氧化物含量尽量高，通过渣金熔分可确定后续湿法冶金提取稀土的熔渣体系组成。

3.4.1 实验原料及设备

实验原料为 H_2 选择性还原处理后的钕铁硼废料和镍氢电池废料，物料成分分别见表 2-6 和表 2-7；分析纯 Al_2O_3、SiO_2，高纯氩气等；实验设备为 ZT-50-20 型真空碳管炉，控温使用红外仪和数字温度表，精度为 ±2℃，额定功率 50kW，最高温度 2000℃。

3.4.2 实验原理及过程

渣金熔分过程是利用金属和熔渣密度不同而且在熔融状态下互不相溶的性质，在刚玉坩埚中分层，上层是富含稀土的熔渣，下层为金属，从而实现渣和金属的分离。

实验过程：（1）分别称量经 H_2 选择性还原处理后的钕铁硼废料、镍氢电池废料，根据设定渣系成分加入一定质量的造渣剂 Al_2O_3 和 SiO_2，将物料充分混匀，压片后装入刚玉坩埚，将装有物料的刚玉坩埚放入石墨坩埚内，然后放入真空碳管炉发热区内，打开循环冷却水，将炉盖盖好，开始抽真空至 10Pa 以下，通入高纯氩气至常压，按预先设定的程序升温到 1600℃，恒温 30min，进行金属和渣的分离；（2）物料熔化后，用石英管搅拌熔池 2~3 次，待程序结束，随炉冷却至室温，关闭循环水，打开炉盖，取出金属和渣，观察两者是否分离完全，并分别对其进行称量、记录，分析金属和渣的化学成分。

3.4.3 钕铁硼废料还原产物的渣金熔分

本实验以 H_2 选择性还原处理后的钕铁硼废料为原料，以 SiO_2 和 Al_2O_3 作为造渣剂进行渣金熔分，依据第 3.1 节和 3.2 节熔渣熔化温度、黏度和熔化性温度的测定结果，60%La_2O_3-19.3%SiO_2-9.7%Al_2O_3-7%FeO-4%B_2O_3 渣系可参考作为钕铁硼废料合适的熔渣配比，并借鉴高炉渣系，由 CaO-SiO_2-Al_2O_3 三元相图进行熔渣渣系设定，渣系的设定按质量比为 REO：SiO_2：Al_2O_3：FeO：其他=60：20：10：5：5 进行。

设 H_2 选择性还原处理后的钕铁硼废料 100g，则需要加入 SiO_2 为 12.55g，Al_2O_3 为 6.28g，此时渣中 FeO 量为 3.13g，渣中 FeO 对后续的湿法回收稀土除杂过程有影响，故本实验在渣金熔分过程中配入一定量的碳粉，对料中的 FeO 进行深度还原，进而降低熔渣中 FeO 含量，预计降低到 5.00%。100g H₂ 气选择性还原处理后的钕铁硼废料 FeO 5.84g，故需碳深度还原 2.71g，理论需要碳量 0.45g，若过量配入 10%，则需要碳粉 0.50g。

由 H₂ 选择性还原处理后的钕铁硼废料 600g、SiO₂ 75.30g、Al₂O₃ 36.68g、碳粉 3.00g 组成的混合料进行渣金熔分，渣金熔分后合金化学成分见表 3-20，熔渣的化学成分见表 3-21。

由表 3-20 可知，渣金熔分后得到的 Fe-Co 合金纯度高达 99.88%，杂质含量低，渣金熔分过程熔渣和金属分离彻底，熔分效果良好。由表 3-21 可知，熔渣中稀土氧化物含量高，达到 57.58%。

表 3-20 Fe-Co 合金化学成分表

成 分	Fe	TRE	Co	S	Si	P	Al	C
含量（质量分数）/%	98.41	<0.010	1.47	0.048	<0.010	0.039	<0.0010	0.014

表 3-21 钕铁硼废料熔分渣化学成分表

成 分	TREO	Nd₂O₃	Pr₆O₁₁	SiO₂	Al₂O₃	FeO	B₂O₃
含量（质量分数）/%	57.58	39.16	12.08	16.10	8.00	6.04	4.20

采用旋转圆柱体法对熔渣进行黏度的测定，如图 3-27 所示，在 1550℃ 时，熔渣恒温黏度值为 0.1895Pa·s，黏度曲线的拐点温度为 1356℃，当温度大于 1356℃ 时，其黏度值随温度变化很小，1356℃ 为熔渣的熔化性温度。

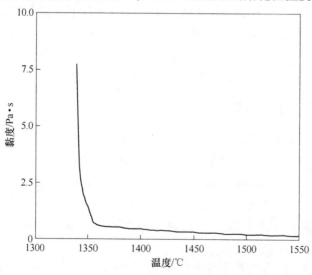

图 3-27 钕铁硼废料熔分渣降温黏度曲线图

采用半球法对熔渣进行熔化温度的测定,熔渣的软化温度、半球温度、流动温度分别为1250℃、1254℃、1268℃,熔化温度为1254℃。对于上述渣系,熔渣具有低熔化温度、低熔化性温度和较好的流动性,渣金熔分过程效果良好,金属与熔渣彻底分离,得到的合金的纯度高,杂质含量低,稀土在熔渣中得到了有效的富集,渣中稀土氧化物的含量高达57.58%,可利用价值高,可作为后续湿法提取稀土的原料。

3.4.4 镍氢电池废料还原产物的渣金熔分

本实验以H_2选择性还原处理后的镍氢电池废料为原料,以SiO_2和Al_2O_3作为造渣剂进行渣金熔分,以稀土氧化物La_2O_3为代表的熔渣熔化温度、黏度研究结果表明,55%La_2O_3-25.3%SiO_2-12.7%Al_2O_3-7%MnO渣系可参考作为镍氢电池废料合适的熔渣配比,并借鉴高炉渣系CaO-SiO_2-Al_2O_3三元相图,进行了熔渣渣系设定,按质量比为REO：SiO_2：(Al_2O_3+MnO)= 50：25：25进行设定。H_2选择性还原处理后的镍氢电池废料质量为500g,其中稀土氧化物质量为500×22.14% = 110.70g,故需配入55.35g的SiO_2,500g物料中含Al_2O_3和MnO总质量为500×(3.37%+1.19%)= 22.80g,故需Al_2O_3质量为55.35−22.80 = 32.55g,由H_2选择性还原处理后的镍氢电池废料500g、SiO_2 55.35g和Al_2O_3 32.55g组成的混合料进行渣金熔分。

渣金熔分后合金和熔渣的化学成分分析结果如表3-22和表3-23所示。采用半球法对熔渣进行熔化温度的测定,熔渣熔化温度(半球温度)为1233℃,熔渣流动性好;通过物料平衡计算得到镍和钴的回收率为98.90%,Ni-Co合金纯度高达99.95%,其中的活性元素铝、锰、稀土的含量均极低。渣金熔分得到的Ni-Co合金作为冶炼AB_5型合金的原料可以循环利用,熔渣中稀土氧化物含量高达46.44%,可作为后续湿法冶金从中提取稀土的原料。

表3-22 Ni-Co合金化学成分

成 分	Ni	Co	Al	Mn	TRE	La	Ce	Pr	Nd
含量(质量分数)/%	87.88	12.01	<0.01	0.03	<0.01	<0.005	<0.005	<0.005	<0.005

表3-23 镍氢电池废料熔分渣化学成分

成 分	TREO	La_2O_3	CeO_2	Pr_6O_{11}	Nd_2O_3	SiO_2	Al_2O_3	MnO	CoO	NiO
含量(质量分数)/%	46.44	29.67	12.21	1.22	3.31	26.05	17.68	6.32	0.72	0.61

3.4.5 小结

本节针对钕铁硼废料和镍氢电池废料经H_2选择性还原后的物料,配加造渣剂 Al$_2$O$_3$ 和 SiO$_2$ 进行渣金熔分，并对熔分渣的物化特性进行了研究，得到以下结论：

（1）H$_2$选择性还原处理后的钕铁硼废料进行渣金熔分，得到的 Fe-Co 合金纯度高达 99.88%，得到的熔渣物化特性良好，熔渣具有较好的流动性能，渣金熔分过程效果良好，实现了合金与稀土熔渣的有效分离，渣金熔分得到的熔渣，稀土氧化物含量高达 57.58%，可利用价值高，可进一步通过湿法冶金提取稀土氧化物。

（2）H$_2$选择性还原处理后的镍氢电池废料进行渣金熔分，得到的 Ni-Co 合金纯度高达 99.95%，得到的熔渣物化特性良好，稀土氧化物含量为 46.44%，可进一步通过湿法冶金提取稀土氧化物。

4 湿法提取 REO-SiO$_2$-Al$_2$O$_3$ 基熔渣中稀土的研究

对于钕铁硼废料、镍氢电池废料普遍采用湿法回收方法回收其中的稀土，回收率高，但酸碱使用量大、流程冗长、产品附加值低。本书提出了火法—湿法联合回收的新方法，采用 H$_2$ 选择性还原—渣金熔分法得到高纯合金和富含稀土氧化物熔渣，采用湿法冶金方法从熔渣中提取稀土。第 3 章火法部分的研究表明 REO-SiO$_2$-Al$_2$O$_3$ 基熔渣是一种适宜的熔渣体系，稀土氧化物含量高，熔渣的物化特性优良，渣金熔分过程顺利，且不会对坩埚造成腐蚀或腐蚀轻微，不会引入杂质。

本章分别以钕铁硼废料、镍氢电池废料 H$_2$ 选择性还原—渣金熔分法得到的 REO-SiO$_2$-Al$_2$O$_3$ 基熔渣为原料，进行熔渣的浸出—净化—沉淀等湿法冶金基本规律的研究，通过本章的研究，为实现稀土废料中有价元素高效综合回收利用提供理论依据和实验基础。本章首先进行湿法冶金过程的热力学基础研究，在此基础上进行实验研究，并对浸出过程的动力学进行了分析。

4.1 REO-SiO$_2$-Al$_2$O$_3$ 基熔渣湿法冶金过程热力学分析

湿法冶金包括三个主要过程，即：

（1）浸出，用合适的溶剂使稀土废料中的稀土元素以离子的形态转入溶液。

（2）净化，除去浸出后溶液中的有害杂质，制备符合从中提取稀土元素要求的溶液。

（3）沉积，从净化后溶液中使稀土呈纯态析出。

净化和沉积具有相同的理论基础，即离子沉淀。本节内容主要是从热力学角度对含有稀土氧化物熔渣的酸浸、浸出后溶液杂质的去除以及从净化液中沉淀稀土等系列反应进行理论分析，从理论上分析熔渣浸出反应的可能性、影响杂质去除的因素及条件、杂质对稀土沉积过程的影响。

4.1.1 浸出过程热力学分析

对于钕铁硼废料经 H$_2$ 选择性还原—渣金熔分法得到的稀土氧化物熔渣，基础渣系成分为 Nd$_2$O$_3$、SiO$_2$、Al$_2$O$_3$，次要组元为 FeO 及 B$_2$O$_3$；对于镍氢电池废料经 H$_2$ 选择性还原—渣金熔分法得到的稀土氧化物熔渣，基础渣系成分为

La$_2$O$_3$、SiO$_2$、Al$_2$O$_3$，次要组元为 MnO。针对 La$_2$O$_3$-SiO$_2$-Al$_2$O$_3$-MnO 和 Nd$_2$O$_3$-SiO$_2$-Al$_2$O$_3$-FeO-B$_2$O$_3$ 两种特定渣系相关的热力学分析未见文献报道，本书对稀土废料经 H$_2$ 选择性还原—渣金熔分法得到的熔渣湿法冶金过程的热力学进行分析。在酸性条件下（如 HCl）浸出，所涉及的主要反应为：

$$La_2O_3 + 6H^+ \rule[0.5ex]{2em}{0.4pt} 2La^{3+} + 3H_2O \tag{4-1}$$

$$Nd_2O_3 + 6H^+ \rule[0.5ex]{2em}{0.4pt} 2Nd^{3+} + 3H_2O \tag{4-2}$$

$$MnO + 2H^+ \rule[0.5ex]{2em}{0.4pt} Mn^{2+} + H_2O \tag{4-3}$$

$$Al_2O_3 + 6H^+ \rule[0.5ex]{2em}{0.4pt} 2Al^{3+} + 3H_2O \tag{4-4}$$

$$FeO + 2H^+ \rule[0.5ex]{2em}{0.4pt} Fe^{2+} + H_2O \tag{4-5}$$

$$B_2O_3 + 3H_2O \rule[0.5ex]{2em}{0.4pt} 2H_3BO_3 \tag{4-6}$$

$$SiO_2 + 2H_2O \rule[0.5ex]{2em}{0.4pt} H_4SiO_4 \tag{4-7}$$

4.1.1.1 标准吉布斯自由能变化

浸出反应的标准吉布斯自由能变化是判断反应在标准状态下能否自动进行的标志，设被浸出物料 A 与浸出剂 B 反应生成 C 和 D，即：

$$aA(s) + bB(aq) \rule[0.5ex]{2em}{0.4pt} cC(aq) + dD(aq) \tag{4-8}$$

此反应的标准吉布斯自由能计算公式为：

$$\Delta_r G_T^{\ominus} = cG_{m(C)T}^{\ominus} + dG_{m(D)T}^{\ominus} - bG_{m(B)T}^{\ominus} - aG_{m(A)T}^{\ominus} \tag{4-9}$$

$$\Delta_r G_T^{\ominus} = -RT\ln K \tag{4-10}$$

不同温度下各化合物或离子的标准吉布斯自由能可由高温水溶液热力学数据计算手册[116]得到。根据不同温度下，各物质的标准吉布斯自由能利用式（4-9）计算得到式（4-1）~式（4-7）反应的标准吉布斯自由能变化，由式（4-10）计算得到各反应在不同温度下的平衡常数，其结果如表 4-1 所示。标准状态下盐酸溶液浸出各氧化物 $\Delta_r G^{\ominus}$-T 关系曲线如图 4-1 所示。

表 4-1　不同温度下各反应的 $\Delta_r G^{\ominus}$（kJ/mol）及 lg$K$

温度/℃	式（4-1）		式（4-2）		式（4-3）		式（4-4）	
	$\Delta_r G_T^{\ominus}$	lg$K$	$\Delta_r G_T^{\ominus}$	lg$K$	$\Delta_r G_T^{\ominus}$	lg$K$	$\Delta_r G_T^{\ominus}$	lg$K$
25	-373.16	65.40	-335.53	58.80	-102.11	17.90	-100.12	17.55
50	-364.32	58.91	-326.55	52.80	-100.53	16.25	-88.12	14.25
75	-355.43	53.34	-317.46	47.64	-98.95	14.85	-76.32	11.45
100	-346.48	48.51	-308.30	43.17	-97.38	13.64	-64.73	9.06
125	-337.46	44.28	-299.04	39.24	-95.84	12.58	-53.32	7.00
150	-328.40	40.55	-289.71	35.77	-94.28	11.64	-42.13	5.20

续表 4-1

温度/℃	式（4-5）		式（4-6）		式（4-7）	
	$\Delta_r G_T^{\ominus}$	lg$K$	$\Delta_r G_T^{\ominus}$	lg$K$	$\Delta_r G_T^{\ominus}$	lg$K$
25	−64.65	11.33	−32.24	5.65	20.79	−3.64
50	−61.47	9.94	−29.99	4.85	20.85	−3.37
75	−58.35	8.76	−27.57	4.14	20.89	−3.13
100	−55.31	7.74	−24.98	3.50	20.87	−2.92
125	−52.32	6.87	−22.21	2.91	20.75	−2.72
150	−49.37	6.10	−19.26	2.38	20.51	−2.53

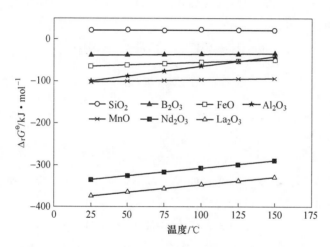

图 4-1 标准状态下盐酸溶液浸出各氧化物 $\Delta_r G^{\ominus}$-T 关系图

由表 4-1 和图 4-1 可得到以下结论：

（1）在标准状态下，式（4-1）~式（4-5）在不同温度下的 $\Delta_r G^{\ominus}$ 均小于零，说明各氧化物 La$_2$O$_3$、Nd$_2$O$_3$、MnO、Al$_2$O$_3$、FeO 可以被盐酸浸出；各氧化物的 $\Delta_r G^{\ominus}$-T 曲线斜率均大于零，随着温度的升高，$\Delta_r G^{\ominus}$ 增大，升高温度不利于盐酸的浸出。由曲线位置的相对高低，可以判断盐酸浸出的难易程度，由易到难依次为：La$_2$O$_3$>Nd$_2$O$_3$>MnO>Al$_2$O$_3$>FeO。各反应的平衡常数都很大，特别是稀土氧化物 La$_2$O$_3$ 和 Nd$_2$O$_3$，如 75℃，La$_2$O$_3$ 被盐酸浸出的平衡常数可达 2.2×10^{53}，各反应进行得很彻底。

（2）式（4-6）和式（4-7）是 B$_2$O$_3$ 和 SiO$_2$ 在盐酸水溶液中进行的热力学行为，由于这两种氧化物为酸性氧化物，故不和盐酸反应，但可以和水发生反应，生成对应的酸。表 4-1 表明，B$_2$O$_3$ 和水在标准状态反应的 $\Delta_r G^{\ominus}$ 小于零，说明生成 H$_3$BO$_3$ 的反应可以发生，且具有较大的平衡常数。如 75℃，平衡常数 $K = 1.4 \times$ 10^4，反应较彻底；SiO$_2$ 和水在标准状态下，反应的 $\Delta_r G^{\ominus}$ 大于零，反应不能发生，但在盐酸浸出过程中，由于熔渣中其他氧化物的溶解，将 SiO$_2$ 裸露出来，此时 SiO$_2$ 具有较大的活性，生成的 H$_4$SiO$_4$ 进入溶液，从而使反应的 $\Delta_r G^{\ominus}$ 降低，故 SiO$_2$ 和水的反应在非标准状态下是可能的。

4.1.1.2 pH 值对浸出过程的影响

水溶液中的反应可分为两类，其一为有电子得失的氧化还原反应，其二为没有电子得失的中和水解反应，式 (4-1)~式 (4-7) 表明，稀土熔渣的酸浸过程为没有电子得失的中和水解反应。

对于三价金属，其反应的通式如式 (4-11) 所示，其反应过程 pH 值和离子活度的关系如式 (4-13) 所示：

$$Me_2O_3 + 6H^+ \Longrightarrow 2Me^{3+} + 3H_2O \tag{4-11}$$

$$\Delta_r G_T = \Delta_r G_T^{\ominus} + RT\ln \frac{\alpha_{Me^{3+}}^2}{\alpha_{H^+}^6} \tag{4-12}$$

当反应达平衡时，$\Delta_r G_T = 0$，则：

$$pH = -\frac{1}{6}\frac{\Delta_r G_T^{\ominus}}{2.303RT} - \frac{1}{3}\lg\alpha_{Me^{3+}} \tag{4-13}$$

对于二价金属，其反应的通式如式 (4-14) 所示，其反应过程 pH 值和离子活度的关系可由公式 (4-15) 得到：

$$MeO + 2H^+ \Longrightarrow Me^{2+} + H_2O \tag{4-14}$$

$$pH = -\frac{1}{2}\frac{\Delta_r G_T^{\ominus}}{2.303RT} - \frac{1}{2}\lg\alpha_{Me^{2+}} \tag{4-15}$$

由于熔渣盐酸浸出是在低温 (65~85℃)、常压和高温 (100~130℃)、高压两种条件下进行的，根据式 (4-13)，利用表 4-1 的数据即可计算得到 75℃、100℃和125℃下，式 (4-1)~式 (4-5) 反应平衡时 pH 值和离子活度的线性关系表达式，如表4-2所示。

由表 4-2 可知，各氧化物被盐酸浸出，反应达平衡时，溶液的 pH 值与各离子的平衡浓度有关，在盐酸浸出过程中，若各氧化物均被完全浸出，离子均进入溶液，且化学反应达到平衡，则可以计算得到，不同离子进入溶液，平衡时所对应的 pH 值，只要整个过程控制 pH 值小于此值，即可保证该离子完全进入溶液。

设稀土氧化物熔渣为 25g，熔渣中各成分含量约为：La$_2$O$_3$(Nd$_2$O$_3$) 60%、MnO 6%、Al$_2$O$_3$ 9%、FeO 7%。盐酸浸出过程，若各离子均进入溶液，且化学反应达到平衡，浸出液溶液 250mL，则溶液中各离子的平衡浓度约为：RE^{3+}

0.36mol/L、Mn^{2+} 0.085mol/L、Al^{3+} 0.18mol/L、Fe^{2+} 0.097mol/L，取离子活度系数为 1，即可计算出反应平衡时各离子所在溶液的 pH 值。如 75℃ 各离子均进入溶液时，溶液的 pH 值分别为：La^{3+} 9.0、Nd^{3+} 8.1、Mn^{2+} 8.0、Al^{3+} 2.2、Fe^{2+} 4.9，故整个浸出过程，只要控制溶液的 pH 值小于各离子平衡时所在溶液的 pH 值，即可保证离子能够完全被盐酸浸出而进入溶液。上述的计算表明：盐酸浸出过程，盐酸浓度能够满足要求，盐酸能够完全浸出各氧化物，使其以离子的形态进入溶液。

表 4-2 不同温度下各反应的 pH 与离子活度关系式

浸出反应	不同温度下各反应的 pH 与离子活度关系式		
	$t = 75℃$	$t = 100℃$	$t = 125℃$
式 (4-1)	$pH = 8.89 - \frac{1}{3}\lg\alpha_{La^{3+}}$	$pH = 8.09 - \frac{1}{3}\lg\alpha_{La^{3+}}$	$pH = 7.38 - \frac{1}{3}\lg\alpha_{La^{3+}}$
式 (4-2)	$pH = 7.94 - \frac{1}{3}\lg\alpha_{Nd^{3+}}$	$pH = 7.19 - \frac{1}{3}\lg\alpha_{Nd^{3+}}$	$pH = 6.54 - \frac{1}{3}\lg\alpha_{Nd^{3+}}$
式 (4-3)	$pH = 7.43 - \frac{1}{2}\lg\alpha_{Mn^{2+}}$	$pH = 6.82 - \frac{1}{2}\lg\alpha_{Mn^{2+}}$	$pH = 6.29 - \frac{1}{2}\lg\alpha_{Mn^{2+}}$
式 (4-4)	$pH = 1.91 - \frac{1}{3}\lg\alpha_{Al^{3+}}$	$pH = 1.51 - \frac{1}{3}\lg\alpha_{Al^{3+}}$	$pH = 1.17 - \frac{1}{3}\lg\alpha_{Al^{3+}}$
式 (4-5)	$pH = 4.38 - \frac{1}{2}\lg\alpha_{Fe^{2+}}$	$pH = 3.87 - \frac{1}{2}\lg\alpha_{Fe^{2+}}$	$pH = 3.43 - \frac{1}{2}\lg\alpha_{Fe^{2+}}$

4.1.2 净化、沉积过程热力学分析

湿法冶金的第二个和第三个工序分别为净化和沉积，在某些情况下，它们具有相同的理论基础，即离子沉淀。稀土氧化物熔渣经盐酸浸出后的浸出液中主要含有 RE^{3+}、Mn^{2+}、Al^{3+}、Fe^{2+}，要得到符合从中沉积稀土离子的合格溶液，必须对浸出液净化，即除杂，主要杂质为 Mn^{2+}、Al^{3+}、Fe^{2+}，除杂主要的技术手段为控制溶液的 pH 值，因为不同离子的氢氧化物在水溶液中具有不同的溶解度，根据氢氧化物溶度积的差别来分离杂质。向除杂后的溶液（净化液）中加入沉淀剂草酸，即可沉淀得到稀土的草酸盐。

4.1.2.1 净化过程热力学分析

净化过程主要是除去浸出液中的杂质 Mn^{2+}、Al^{3+}、Fe^{2+}，使杂质离子呈难溶的氢氧化物析出，但此过程保证有价离子 RE^{3+} 不生成对应的氢氧化物沉淀。在

浸出液中加入氨水，随着氨水的加入，溶液的 pH 值增大，当增大到离子开始析出氢氧化物沉淀要求的最低 pH 值时，该离子的氢氧化物就会以固态的形式从溶液中析出，通过过滤，即可去除该离子。

RE^{3+}、Mn^{2+}、Al^{3+} 在水溶液中，随着 pH 值的增大，只会发生水解中和反应，生成对应的氢氧化物沉淀，而 Fe^{2+} 在水溶液中，在有氧化剂存在时，随着 pH 增大，不但会发生中和水解反应，还会发生氧化还原反应，故分别加以分析。

难溶金属氢氧化物生成反应通式如下：

$$Me^{z+} + zOH^- \Longrightarrow Me(OH)_z \tag{4-16}$$

由

$$\Delta G = \Delta G^{\ominus} + RT\ln \frac{1}{\alpha_{Me^{z+}}\alpha_{OH^-}^z}$$

$$K_{sp} = \alpha_{Me^{z+}}\alpha_{OH^-}^z$$

$$K_w = \alpha_{H^+} \times \alpha_{OH^-} = 10^{-14}$$

当反应达平衡时，$\Delta G = 0$，则：

$$pH = \frac{1}{z}\lg K_{sp} - \lg K_w - \frac{1}{z}\lg\alpha_{Me^{z+}} \tag{4-17}$$

各化合物溶度积常数可由文献[88,117,118]得到，如表 4-3 所示。由表 4-3 各化合物溶度积常数即可计算得到，不同离子生成对应的氢氧化物沉淀时，pH 值与离子浓度的关系，其结果如表 4-4 所示。

由表 4-4 中不同离子生成对应氢氧化物沉淀时，pH 值与离子浓度的关系表达式，若给定离子浓度，即可计算得到各类离子开始生成对应氢氧化物沉淀时开始的 pH 值和各离子完全沉淀时对应的 pH 值。一般认为，如果溶液中，某离子浓度小于 10^{-6}mol/L 时，即可认为该离子在溶液中不存在。

表 4-3　各化合物 25℃时的溶度积表

化合物名称	溶度积 K_{sp}	$\lg K_{sp}$
La(OH)$_3$	1.7×10^{-19}	−18.77
Nd(OH)$_3$［新］	3.2×10^{-22}	−21.49
Mn(OH)$_2$	1.9×10^{-13}	−12.72
Al(OH)$_3$［Al^{3+}，3OH$^-$］	1.3×10^{-33}	−32.88
Fe(OH)$_3$	6.3×10^{-38}	−37.20
Fe(OH)$_2$	2.5×10^{-15}	−14.60
La$_2$(C$_2$O$_4$)$_3$	2.5×10^{-27}	−26.60
Nd$_2$(C$_2$O$_4$)$_3$	5.87×10^{-29}	−28.23
MnC$_2$O$_4$·2H$_2$O	1.1×10^{-15}	−14.96

表 4-4 难溶金属氢氧化物生成反应在 25℃下 ε-pH 关系式

化学反应方程式	ε-pH 线性关系式
$La^{3+}+3OH^-\!=\!La(OH)_3$	$pH = 7.74 - 1/3\ \lg\alpha_{La^{3+}}$
$Nd^{3+}+3OH^-\!=\!Nd(OH)_3$	$pH = 6.84 - 1/3\ \lg\alpha_{Nd^{3+}}$
$Mn^{2+}+2OH^-\!=\!Mn(OH)_2$	$pH = 7.64 - 1/2\ \lg\alpha_{Mn^{2+}}$
$Al^{3+}+3OH^-\!=\!Al(OH)_3$	$pH = 3.04 - 1/3\ \lg\alpha_{Al^{3+}}$
$Fe^{3+}+3OH^-\!=\!Fe(OH)_3$	$pH = 1.60 - 1/3\ \lg\alpha_{Fe^{3+}}$
$Fe^{2+}+2OH^-\!=\!Fe(OH)_2$	$pH = 6.70 - 1/2\ \lg\alpha_{Fe^{2+}}$

若浸出液中各离子的浓度分别约为：RE^{3+} 0.36mol/L、Mn^{2+} 0.085mol/L、Al^{3+} 0.18mol/L、Fe^{2+} 0.097mol/L，取离子活度系数为 1，沉淀完全时，各离子浓度均为 10^{-6} mol/L，则可得到各离子开始沉淀和完全沉淀所需要的 pH 值，如表 4-5 所示，若将浸出液的终点 pH 值控制到 3.5~4.0 之间，则只可以去除部分的 Al^{3+}，而杂质离子 Mn^{2+} 和 Fe^{2+} 不会生成沉淀，不能去除。若有氧化剂存在时，溶液中的 Fe^{2+} 会被氧化为 Fe^{3+} 或 $Fe(OH)_3$ 沉淀，假如在酸性溶液中 Fe^{2+} 被氧化为 Fe^{3+}，随 pH 值增大，Fe^{3+} 转化为 $Fe(OH)_3$ 沉淀，此时 Fe^{3+} 开始沉淀的 pH 值为 1.93，完全沉淀的 pH 值为 3.6，故若将浸出液的 pH 值终点控制到 3.5~4.0 之间，即可保证 Fe^{3+} 基本完全沉淀。有氧化剂存在时，溶液中的 Fe^{2+} 会被氧化为 Fe^{3+} 或 $Fe(OH)_3$ 沉淀的情况需另外讨论。

表 4-5 25℃下浸出液中各离子开始沉淀和完全沉淀所需 pH 表

离　子	开始沉淀 pH	完全沉淀 pH
La^{3+}	7.89	9.74
Nd^{3+}	6.99	8.84
Mn^{2+}	8.18	10.64
Al^{3+}	3.29	5.04
Fe^{2+}	7.21	9.70

对于 Fe^{3+}/Fe^{2+} 体系在水溶液中存在的反应类型有两类，一类为没有电子得失的中和水解反应，如 Fe^{3+} 形成 $Fe(OH)_3$ 沉淀，其 pH 与离子活度的线性关系表达式的计算方法如前所述；另一类反应为有电子得失的氧化还原反应，又分为有 H^+ 参与和无 H^+ 参与，如 Fe^{2+} 被氧化为 Fe^{3+} 的反应为没有 H^+ 参与的反应，其 ε-pH 线性关系计算如下：

电极反应：

$$Fe^{3+} + e =\!=\!= Fe^{2+} \qquad\qquad (4\text{-}18)$$

由能斯特方程:

$$\varepsilon = \varepsilon^{\ominus} - \frac{RT}{zF}\ln J = \varepsilon^{\ominus} - \frac{2.303 \times RT}{zF}\lg\frac{\alpha_{Fe^{2+}}}{\alpha_{Fe^{3+}}} \qquad (4\text{-}19)$$

式中 ε——电极电位,V;

$\quad\quad \varepsilon^{\ominus}$——标准电极电位,V;

$\quad\quad z$——得失电子数;

$\quad\quad F$——法拉第常数。

Fe^{2+} 被氧化为 Fe(OH)$_3$ 沉淀的反应为有 H$^+$ 参与的反应。其 ε-pH 线性关系计算如下:

电极反应:

$$Fe(OH)_3 + e + 3H^+ = Fe^{2+} + 3H_2O \qquad (4\text{-}20)$$

$$\varepsilon = \varepsilon^{\ominus} - \frac{RT}{zF}\ln J = \varepsilon^{\ominus} - \frac{RT}{zF}\ln\frac{\alpha_{Fe^{2+}}}{\alpha_{H^+}^3}, \quad pH = -\lg\alpha_{H^+}$$

$$\varepsilon = \varepsilon^{\ominus} - \frac{3 \times 2.303 \times RT}{zF}pH - \frac{2.303 \times RT}{zF}\lg\alpha_{Fe^{2+}} \qquad (4\text{-}21)$$

利用同样的计算方法可得 Fe^{3+}/Fe^{2+} 体系各反应的 ε-pH 关系式,各电极的标准电极电位可由文献[88,119]得到,该体系可能存在的所有反应及 ε-pH 线性关系式如表 4-6 所示,利用表 4-6 中 ε-pH 的关系式,取 $\alpha_{Fe^{3+}} = \alpha_{Fe^{2+}} = 1$ 时,即可画图得到水溶液中 Fe^{3+}/Fe^{2+} 体系的 ε-pH 关系图,如图 4-2 所示。

表 4-6 Fe^{3+}/Fe^{2+} 体系各反应在 25℃下 ε-pH 关系式

编号	化学反应方程式	ε-pH 线性关系式
A	$O_2 + 4H^+ + 4e = 2H_2O$	$\varepsilon = 1.229 - 0.0591pH + 0.0148\lg P_{O_2} - 0.0148\lg P_0$
B	$H_2O_2 + 2H^+ + 2e = 2H_2O$	$\varepsilon = 1.776 - 0.0591pH$
①	$Fe^{3+} + e = Fe^{2+}$	$\varepsilon = 0.771 - 0.0591\lg\alpha_{Fe^{2+}} + 0.0591\lg\alpha_{Fe^{3+}}$
②	$Fe^{3+} + 3H_2O = Fe(OH)_3 + 3H^+$	$pH = 1.60 - 1/3\lg\alpha_{Fe^{3+}}$
③	$Fe(OH)_3 + e + 3H^+ = Fe^{2+} + 3H_2O$	$\varepsilon = 1.054 - 0.1773pH - 0.0591\lg\alpha_{Fe^{2+}}$
④	$Fe^{2+} + 2H_2O = Fe(OH)_2 + 2H^+$	$pH = 6.70 - 1/2\lg\alpha_{Fe^{2+}}$
⑤	$Fe(OH)_3 + e + H^+ = Fe(OH)_2 + H_2O$	$\varepsilon = 0.262 - 0.0591pH$

由图 4-2 可知,在没有氧化剂存在时,Fe^{3+}/Fe^{2+} 体系处于水的热力学稳定区,不会和水发生反应,但有氧化剂存在时,Fe^{2+} 在整个 pH 范围内都是不稳定的,会被氧化为 Fe^{3+} 或 Fe(OH)$_3$ 沉淀。反应①所对应的 ε 与 pH 值无关,但与 Fe^{3+} 和 Fe^{2+} 的活度有关,随着 Fe^{3+} 和 Fe^{2+} 活度的变化可大可小,使①线上移或下移,浸出液中主要是 Fe^{2+},故实际溶液中①线位置还要靠下,反应①、②、③、

三线交点 pH = 1.6；反应③、④、⑤，三线交点 pH = 6.7。当 pH 值小于 1.6 时，从热力学上讲，反应 A 空气中的氧气和反应 B 中的双氧水均可成功地将 Fe^{2+} 氧化为 Fe^{3+}，本实验中采用空气中的氧气作为氧化剂。

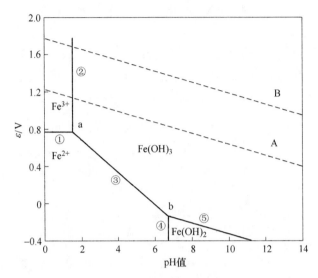

图 4-2 25℃水溶液中 Fe^{3+}/Fe^{2+} 体系的 ε-pH 关系图

由图 4-2 可知，采用空气作为氧化剂，溶液 pH 值小于 1.6 时，从热力学上讲，Fe^{2+} 会被氧化为 Fe^{3+}，但动力学条件限制，实验过程，溶液的颜色显示表明氧化并不明显，随氨水加入量的增加，当溶液 pH 值大于 1.6 时，Fe^{2+} 会被氧化为 Fe(OH)$_3$ 沉淀，直到 pH = 6.7 结束。在 pH = 6.7 时，Fe^{2+} 水解生成 Fe(OH)$_2$ 沉淀，随后立即被氧化为 Fe(OH)$_3$ 沉淀。故实际上，只要溶液的 pH 值大于 1.6，Fe^{2+} 最终会被氧化为 Fe(OH)$_3$ 沉淀。实验中，为了抑制 RE^{3+} 沉淀，结合 Fe^{3+} 完全沉淀需要的 pH 值，将浸出液净化过程的终点 pH 值控制到 3.5~4.0 之间是合理可行的，此时，浸出液中的杂质 Fe^{2+} 会完全转化为 Fe(OH)$_3$ 沉淀，Fe(OH)$_3$ 为胶体，与 SiO$_2$ 和水反应生成的硅胶在 100℃下煮沸，两种带电不同的胶体聚集，导致过滤非常容易。浸出液中的杂质 Al^{3+} 会部分去除，部分进入净化液；而杂质 Mn^{2+} 不能去除，进入净化液。

净化过程在常压下进行，故 $P_{O_2} = 1.01 \times 10^5$ Pa，由反应③和反应 A 组成的原电池反应及 ε-pH 关系式如下：

$$4Fe^{2+} + O_2 + 10H_2O \Longrightarrow 4Fe(OH)_3 + 8H^+$$

$$\varepsilon = 0.175 + 0.1182pH + 0.0591lg\alpha_{Fe^{2+}} \tag{4-22}$$

若反应达平衡时，即可计算得到式（4-22）的平衡常数 $K = 4.79 \times 10^{23}$，在溶液的 pH = 4.0 时，即可计算得到溶液中 Fe^{2+} 的平衡浓度为 1.10×10^{-11} mol/L，可

见，空气中的氧气氧化 Fe^{2+} 生成 Fe(OH)$_3$ 沉淀的反应非常彻底。

4.1.2.2 沉积过程热力学分析

净化过程的热力学计算表明：净化液中主要成分为 RE^{3+}、部分未被除去的 Al^{3+} 和不能去除的 Mn^{2+}。在净化液中加入沉淀剂草酸，RE^{3+}、Mn^{2+} 会生成对应的草酸盐，其反应式及平衡常数 K 计算如式（4-23）~式（4-28）所示，而在含有盐酸和氨水存在的溶液中，Al^{3+} 不与 C$_2$O$_4^{2-}$ 作用生成沉淀[120]。

$$2La^{3+} + 3C_2O_4^{2-} \Longrightarrow La_2(C_2O_4)_3 \tag{4-23}$$

$$K = \frac{1}{\alpha_{La^{3+}}^2 \times \alpha_{C_2O_4^{2-}}^3} = \frac{1}{K_{sp}} = 4.0 \times 10^{26} \tag{4-24}$$

$$2Nd^{3+} + 3C_2O_4^{2-} \Longrightarrow Nd_2(C_2O_4)_3 \tag{4-25}$$

$$K = \frac{1}{\alpha_{Nd^{3+}}^2 \times \alpha_{C_2O_4^{2-}}^3} = \frac{1}{K_{sp}} = 1.7 \times 10^{28} \tag{4-26}$$

$$Mn^{2+} + C_2O_4^{2-} \Longrightarrow MnC_2O_4 \tag{4-27}$$

$$K = \frac{1}{\alpha_{Nd^{3+}}^2 \times \alpha_{C_2O_4^{2-}}^3} = \frac{1}{K_{sp}} = 9.1 \times 10^{14} \tag{4-28}$$

由式（4-24）、式（4-26）和式（4-27）可知，稀土 La^{3+} 和 Nd^{3+} 被草酸沉淀的平衡常数 K 很大，沉淀很完全，而 Mn^{2+} 被草酸沉淀的平衡常数 K 也具有较大的值，但与 La^{3+} 和 Nd^{3+} 沉淀的平衡常数相比，后者比前者大至少十个数量级，在草酸沉淀稀土离子的过程中，Mn^{2+} 也会部分的生成 MnC$_2$O$_4$ 沉淀，和稀土草酸盐组成草酸盐混合物。

4.2 REO-SiO$_2$-Al$_2$O$_3$ 基熔渣稀土析出相硅酸镧的合成及酸溶特性的研究

La$_2$O$_3$-SiO$_2$-Al$_2$O$_3$ 基熔渣体系稀土相结晶析出的实验研究表明：对于 La$_2$O$_3$ 含量不同的 La$_2$O$_3$-SiO$_2$-Al$_2$O$_3$-FeO-B$_2$O$_3$ 系列渣系和 La$_2$O$_3$-SiO$_2$-Al$_2$O$_3$-MnO 渣系，在不同水淬温度下，稀土析出相或为 La$_{9.31}$(Si$_{1.04}$O$_4$)$_6$O$_2$、或为 La$_{4.67}$(SiO$_4$)$_3$O、或为 La$_2$Si$_2$O$_7$，此三种稀土析出相晶型结构具有相似性，均为氧基磷灰石型硅酸镧，故具有相类似的化学特性。

钕铁硼废料、镍氢电池废料经 H$_2$ 选择性还原—渣金熔分后得到的熔分渣，XRD 结构分析表明，其析出相也为氧基磷灰石型硅酸镧，熔分渣采用盐酸作为浸出剂，进行稀土回收的实验时，析出相硅酸镧的浸出行为必然影响稀土的浸出率和回收率。基于此，本节以分析纯 La$_2$O$_3$ 和 SiO$_2$ 为原料，采用粉末高温烧结法合成硅酸镧，随后以盐酸作为浸出剂，对其酸溶特性进行研究。由于氧基磷灰石型硅酸镧具有相类似的化学特性，本节合成的氧基磷灰石型硅酸镧为 La$_{9.31}$(Si$_{1.04}$O$_4$)$_6$O$_2$。

实验研究了硅酸镧在低温、常压和高温、高压两种条件下，温度、时间、盐酸用量（盐酸浓度）对稀土回收率的影响。

4.2.1 稀土析出相硅酸镧的合成

4.2.1.1 硅酸镧合成原理

依据氧基磷灰石型硅酸镧分子式 La$_{9.31}$(Si$_{1.04}$O$_4$)$_6$O$_2$ 可计算得到镧、硅的百分含量，计算过程如下：

$$w(\text{La}) = \frac{M_{\text{La}}}{M} = \frac{139 \times 9.31}{139 \times 9.31 + 28 \times 1.04 \times 6 + 16 \times 26} \times 100\% = 68.66\%$$

$$(4-29)$$

$$w(\text{Si}) = \frac{M_{\text{Si}}}{M} = \frac{28 \times 1.04 \times 6}{139 \times 9.31 + 28 \times 1.04 \times 6 + 16 \times 26} \times 100\% = 9.27\%$$

$$(4-30)$$

依据 La$_{9.31}$(Si$_{1.04}$O$_4$)$_6$O$_2$ 中镧和硅的百分含量，可计算得到合成硅酸镧所需的 La$_2$O$_3$ 和 SiO$_2$ 的百分含量，如下：

$$w(\text{La}_2\text{O}_3) = \frac{M_{\text{La}_2\text{O}_3}}{M_{\text{La}}} \times w(\text{La}) = \frac{139 \times 2 + 16 \times 3}{139 \times 2} \times 100\% \times 68.66\% = 80.51\%$$

$$(4-31)$$

$$w(\text{SiO}_2) = \frac{M_{\text{SiO}_2}}{M_{\text{Si}}} \times w(\text{Si}) = \frac{28 + 16 \times 2}{28} \times 100\% \times 9.27\% = 19.86\% \quad (4-32)$$

4.2.1.2 硅酸镧合成方法及结果讨论

J. E. H. Sansom 等人以高纯度 La$_2$O$_3$ 和分析纯 SiO$_2$ 合成 La$_{9.33}$(SiO$_4$)$_6$O$_2$，其合成过程的工艺流程为[121~130]：称量一定质量的 La$_2$O$_3$ 和 SiO$_2$ 进行混合，将混合均匀后的物料放入球磨罐球磨，进而对混合料进行高温焙烧，焙烧时间 16h，焙烧温度 1300℃，焙烧后的物料放入球磨罐进行二次球磨，随后进行二次焙烧，焙烧时间 16h，焙烧温度 1350℃，即可得到 La$_{9.33}$(SiO$_4$)$_6$O$_2$。

硅酸镧（La$_{9.33}$(SiO$_4$)$_6$O$_2$）合成工艺过程的技术关键是抑制 La$_2$SiO$_5$ 和 La$_2$Si$_2$O$_7$ 的产生与生长，提高焙烧温度、延长焙烧时间、增大物料的混合程度可提高 La$_{9.33}$(SiO$_4$)$_6$O$_2$ 纯度[131,132]；此工艺的缺点是对反应环境要求较为严苛，但合成的 La$_{9.33}$(SiO$_4$)$_6$O$_2$ 杂质较少，纯度较高，成为了此领域制备 La$_{9.33}$(SiO$_4$)$_6$

O₂ 的主要方式。

本实验以高纯度的 La_2O_3（纯度为 99.95%）和分析纯 SiO_2 为原料，按质量比为 80.51∶19.86 进行混合，将混合后的物料放入球磨罐中球磨 8h，取出后压片，装入刚玉坩埚，将刚玉坩埚放入高温马弗炉内，以 6℃/min 的升温速度升温至 1450℃，保温 10h，随炉冷却到室温，取出混合料，破碎，再次放入球磨罐中球磨 8h，压片，装入刚玉坩埚，放入高温马弗炉，以 6℃/min 的升温速度升温至 1450℃，保温 10h，随炉冷却到室温，取出后破碎、研磨至粒度小于 0.150mm，取少量对其进行 XRD 结构分析，如图 4-3 所示。由图 4-3 可知，该工艺可合成纯度较高的硅酸镧 $La_{9.31}(Si_{1.04}O_4)_6O_2$。

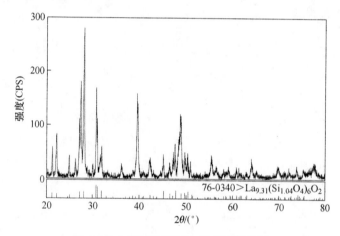

图 4-3 合成的硅酸镧 X 射线衍射图谱

4.2.2 稀土析出相硅酸镧的酸溶特性

4.2.2.1 硅酸镧中 La_2O_3 的低温、常压浸出实验

其实验过程如下：（1）取合成的硅酸镧 25g 和盐酸与去离子水组成的 250mL 溶液混合，其液固比为 10∶1，在恒温水浴槽内，在电子搅拌器的作用下反应一定时间，过滤；（2）将滤液用氨水调 pH 值为 3.5~4.0，加热煮沸，过滤；（3）取滤液，向滤液加入草酸 28.01g（过理论量 20%），使稀土离子转变为沉淀，过滤，沉淀即为稀土草酸盐；（4）将沉淀置于坩埚中，放入箱式电阻炉内，800℃，保温 2h 的条件下进行焙烧，焙烧产物即为稀土氧化物，计算得到回收率。

A 盐酸浓度对 La_2O_3 回收率的影响

在水浴温度为 85℃，液、固比为 10∶1，浸出时间为 60min 的条件下，实验研究了不同的盐酸浓度（盐酸加入量）对 La_2O_3 回收率的影响，其结果如表 4-7

所示。

实验表明 La$_2$O$_3$ 回收率随着盐酸用量的增加不断升高，从加入过 1.20 倍理论量盐酸开始，回收率的增加幅度很小，在加入过 1.30 倍理论量盐酸时，回收率达到最高点，为 90.06%，但和加入过 1.20 倍理论量盐酸相比，其回收率基本接近，故盐酸最佳用量可以认为为过理论量 1.20 倍。

表 4-7 盐酸用量对 La$_2$O$_3$ 回收率的影响

盐酸加入量/g	盐酸过理论量/倍	盐酸浓度/mol·L^{-1}	回收 La$_2$O$_3$ 的质量/g	回收率/%
38.37	1.05	1.56	14.29	70.99
40.19	1.10	1.63	16.78	83.36
43.85	1.20	1.78	18.12	90.01
47.50	1.30	1.93	18.13	90.06

B 浸出时间对 La$_2$O$_3$ 回收率的影响

由表 4-7 可得，盐酸浓度为 1.78mol/L 时，即过理论量 1.20 倍，浸出率基本达到最高值，故保持盐酸浓度为 1.78mol/L，水浴温度为 85℃，液固比为 10:1 的条件下，通过改变浸出时间，研究了浸出时间对 La$_2$O$_3$ 回收率的影响。研究表明，随着浸出时间的延长，La$_2$O$_3$ 的回收率先增加后略微降低，在浸出时间为 60min 时，回收率达到最高，为 90.01%，其结果如表 4-8 所示。

表 4-8 浸出时间对 La$_2$O$_3$ 回收率的影响

浸出时间/min	回收 La$_2$O$_3$ 的质量/g	回收率/%
15	14.88	73.91
30	16.09	79.93
45	17.07	84.80
60	18.12	90.01
75	18.12	90.00

C 浸出温度对 La$_2$O$_3$ 回收率的影响

在液固比为 10:1，盐酸为 1.78mol/L，浸出时间为 60min 时，La$_2$O$_3$ 的回收率达到最高。故在液固比、盐酸浓度和浸出时间一定的条件下，研究不同温度对 La$_2$O$_3$ 回收率的影响，研究表明，La$_2$O$_3$ 的回收率随着浸出温度升高而增大，在 85℃时，回收率达到最高，为 90.01%，如表 4-9 所示。

表 4-9 浸出温度对 La$_2$O$_3$ 回收率的影响

温度/℃	回收 La$_2$O$_3$ 的质量/g	回收率/%
55	13.43	66.72
65	15.67	77.84
75	16.50	81.87
85	18.12	90.01

综上所述，硅酸镧采用盐酸作为浸出剂，在低温、常压的条件下，盐酸用量为过理论量 1.20 倍，浸出时间 60min，反应温度 85℃时，La$_2$O$_3$ 的回收率达到最高值为 90.01%。

4.2.2.2 硅酸镧中 La$_2$O$_3$ 的高温、高压浸出实验

硅酸镧中 La$_2$O$_3$ 的低温、常压浸出实验表明：La$_2$O$_3$ 回收率达到 90.01%，需要的盐酸浓度为 1.78mol/L，即过理论量 1.20 倍，浸出时间 60min，水浴温度 85℃。为了进一步降低盐酸的消耗量，缩短浸出时间，提高 La$_2$O$_3$ 回收率，进行了高温、高压浸出实验，研究高温下，盐酸浓度对 La$_2$O$_3$ 回收率的影响；研究不同温度、不同浸出时间对 La$_2$O$_3$ 回收率的影响。

实验过程如下：（1）取合成的硅酸镧 15g 和盐酸与去离子水组成的 150mL 溶液混合，其液固比为 10：1，在高压反应釜内加热一定时间，使其充分反应，过滤；（2）将滤液用氨水调 pH 值为 3.5~4.0，加热煮沸，过滤；（3）取滤液，向滤液加入草酸 16.80g（过理论量 20%），使稀土离子转变为沉淀，过滤，沉淀即为稀土草酸盐；（4）将沉淀置于坩埚中，放入箱式电阻炉内，800℃，保温 2h 的条件下进行焙烧，焙烧产物即为稀土氧化物，计算得到回收率。

A 盐酸加入量对 La$_2$O$_3$ 回收率的影响

在恒温（120℃）、液固比为 10：1、浸出时间为 30min 的条件下，通过改变盐酸加入量，研究 La$_2$O$_3$ 回收率的影响，如表 4-10 所示。

表 4-10 盐酸加入量对 La$_2$O$_3$ 回收率的影响

盐酸加入量/g	盐酸过理论量/倍	盐酸浓度/mol·L^{-1}	回收 La$_2$O$_3$ 的质量/g	回收率/%
19.73	0.90 倍	1.33	10.70	88.57
21.92	1.00 倍	1.48	10.99	90.98
24.11	1.10 倍	1.63	11.38	94.21
26.31	1.20 倍	1.78	11.40	94.37

在盐酸加入量为过理论量 1.10 倍之前，回收率与盐酸加入量呈正比关系，且增加幅度较大，约 4%，从过理论量 1.10 倍开始，回收率的增加幅度很小，在过理论量 1.20 倍时，浸出率达到最高为 94.37%，但和加入过 1.10 倍理论盐酸相比，其回收率基本接近，故盐酸最佳用量可以认为为过理论量的 1.10 倍。

B 不同温度、不同时间对 La$_2$O$_3$ 回收率的影响

根据表 4-10 可知，盐酸在过理论值 1.10 倍时，浸出率基本达到最高。故保持盐酸加入量（1.10 倍），以及液固比为 10∶1 不变的情况下，分别在 100℃、110℃、120℃、130℃反应温度下，研究反应时间对 La$_2$O$_3$ 回收率的影响，实验结果如图 4-4 所示。

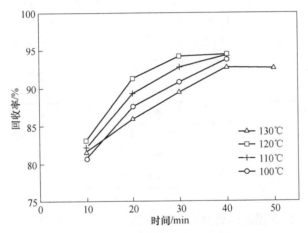

图 4-4 不同温度、时间对 La$_2$O$_3$ 回收率的影响

由图 4-4 可知，当浸出温度一定时，La$_2$O$_3$ 回收率随浸出时间的增加而增大，当浸出时间达到一定值时，La$_2$O$_3$ 回收率几乎不再增大；当浸出时间一定时，La$_2$O$_3$ 回收率随浸出温度的升高先增大后减小，当浸出温度升高到 130℃时，La$_2$O$_3$ 回收率反而降低，说明温度太高不利于 La$_2$O$_3$ 的回收率。

最优的浸出温度为 120℃，浸出时间为 40min，La$_2$O$_3$ 的回收率高达 94.45%；而相比最优条件，在浸出温度为 120℃，浸出时间为 30min，La$_2$O$_3$ 的回收率为 94.21%；在浸出温度为 110℃，浸出时间为 40min，La$_2$O$_3$ 的回收率为 94.29%，故硅酸镧采用盐酸作为浸出剂，在高温、高压的条件下，回收 La$_2$O$_3$，合适的工艺条件为：盐酸用量过理论量 1.10 倍，液固比为 10∶1，浸出温度 110℃ 或 120℃，浸出时间为 40min。

以盐酸作为浸出剂，对稀土析出相硅酸镧的酸溶特性进行了实验研究，研究结果表明：从稀土析出相硅酸镧中回收稀土，可得到较高的稀土氧化物回收率，且高温、高压更有利于稀土的回收，说明稀土析出相硅酸镧具有较好的溶出特性。

4.3 盐酸浸出 REO-SiO₂-Al₂O₃ 基熔渣中稀土的研究

4.3.1 实验原料及设备

实验原料：钕铁硼废料经 H_2 选择性还原—渣金熔分后的熔分渣，其中 TREO 含量为 57.58%，FeO 为 6.04%，SiO_2、Al_2O_3 和 B_2O_3 含量分别为 16.10%、8.00%和4.20%，粒度 0.120mm（研究粒度对浸出过程影响的原料除外）以下；镍氢电池废料经 H_2 选择性还原—渣金熔分后的熔分渣，其中 TREO 含量为46.44%，SiO_2、Al_2O_3、MnO、CoO 和 NiO 含量分别为 26.05%、17.68%、6.32%、0.72%和0.61%，粒度 0.120mm（研究粒度对浸出过程影响的原料除外）以下。

实验所需其他化学试剂如表 4-11 所示。实验主要设备为电子搅拌器，高压反应釜，箱式电阻炉，电热恒温水浴槽。

表 4-11 化学试剂成分表

试剂名称	等 级	生产厂家
浓盐酸	37%	天津市化学试剂三厂
草酸	99.5%	天津市化学试剂三厂
氨水	25%~28%	天津市化学试剂三厂

4.3.2 盐酸浸出钕铁硼废料熔分渣中的稀土

4.3.2.1 H_2O_2 加入量对盐酸浸出法从熔分渣中提取稀土的影响

以盐酸作为浸出剂，浸出钕铁硼废料熔分渣中的稀土，在浸出液净化中，主要杂质为二价铁离子，4.1.2 节的热力学计算表明，可作为二价铁离子氧化剂的有 H_2O_2 和空气中的氧气，实验首先研究了以 H_2O_2 作为氧化剂对稀土回收率及稀土纯度的影响，以此确定作为二价铁离子的氧化剂种类。

A 实验过程

（1）取钕铁硼废料熔分渣 25g 和 37%的浓盐酸 69.96g（过理论酸量 1.4 倍）与去离子水组成的 250mL 溶液混合，其液固比为 10：1，在 85℃恒温水浴槽内和电子搅拌器的作用下反应 1h；（2）向反应后的溶液加入不同量的 H_2O_2，然后用氨水滴定调 pH 值为 3.5~4.0，加热煮沸，过滤；（3）取滤液，向滤液加入过理论量 20%草酸（草酸 19.43g）溶液，使稀土离子转变为沉淀，过滤，沉淀即为稀土草酸盐；（4）将沉淀置于坩埚中，放入箱式电阻炉内，800℃、保温 2h 的条件下进行焙烧，焙烧产物即为稀土氧化物。

B 实验结果及讨论

熔分渣中的 FeO 在盐酸浸出过程中以二价铁离子进入溶液，有 H$_2$O$_2$ 存在时，二价铁离子会被氧化为三价铁离子，通过调节 pH 值，三价铁转变为 Fe(OH)$_3$ 沉淀，而 Fe(OH)$_3$ 沉淀为胶体状，使过滤变得困难。

实验研究 H$_2$O$_2$ 加入量对盐酸浸出液过滤难易程度、稀土回收率及回收得到的稀土氧化物纯度的影响规律，结果如表 4-12 所示。

表 4-12 H$_2$O$_2$ 加入量对盐酸浸出过滤及稀土回收率的影响

编号	H$_2$O$_2$ 加入量/mL	过滤难易程度	回收稀土氧化物质量/g	回收率/%
C$_1$ 号	10.00	不能过滤	—	—
C$_2$ 号	5.00	能过滤	11.87	82.43
C$_3$ 号	0.20	极易过滤	13.58	94.30

表 4-12 中 C$_1$ 号，加入 10mL H$_2$O$_2$ 后溶液迅速变为酒红色，加氨水调 pH 值到 3.5~4.0 时，产生大量的砖红色沉淀，加热煮沸 10min 后，过滤，发现过滤极难，不能过滤；C$_2$ 号、C$_3$ 号随着 H$_2$O$_2$ 加入量的减少，溶液颜色变浅，加氨水后沉淀量减少，过滤变得容易。将 C$_2$ 号、C$_3$ 号回收得到的稀土氧化物作化学成分定性分析，其结果如表 4-13 所示。

表 4-13 回收得到的稀土氧化物化学成分定性分析结果

编号	大量	少量	微量
C$_2$ 号	Pr、Nd	Gd、Eu、Dy、Fe	Al、Si、P、Cl、Ca、Y、Ho
C$_3$ 号	Pr、Nd	Gd、Eu、Dy	Fe、Al、Si、Cl、Ca、Y、Ho

由表 4-13 可知，回收得到的稀土氧化物成分几乎一致，只是含量有所不同，C$_2$ 号含量大于 C$_3$ 号，进一步对 C$_2$ 号和 C$_3$ 号中的 Fe 做化学成分定量分析可知，C$_2$ 号 Fe$_2$O$_3$ 含量为 1.86%，C$_3$ 号 Fe$_2$O$_3$ 含量为 0.29%。由此可见，随着 H$_2$O$_2$ 加入量的增大不仅使稀土回收率降低，而且使回收得到的稀土氧化物中杂质 Fe$_2$O$_3$ 含量增加。有 H$_2$O$_2$ 存在，溶液 pH 值为 3.5~4.0 时，二价铁离子被氧化物三价铁离子，进而转变为 Fe(OH)$_3$ 胶体，导致过滤变难，H$_2$O$_2$ 越多，过滤越困难；在 Fe(OH)$_3$ 沉淀时，有少量的三价铁未沉淀，进而转入溶液，最后生成草酸铁盐，然后进入稀土氧化物，使杂质含量增加，H$_2$O$_2$ 越多，杂质铁含量越高；故以盐酸作为浸出剂，浸出钕铁硼废料熔分渣中的稀土，在浸出液净化过程中，不采用 H$_2$O$_2$ 作为氧化剂而采用空气中的氧气做氧化剂。

4.3.2.2 熔分渣中稀土的低温、常压浸出实验

实验过程如下：（1）取熔分渣 25g 与盐酸和去离子水组成的 250mL 溶液混

合，其液固比为 10∶1，在恒温水浴槽内和电子搅拌器的作用下反应一定时间，过滤，滤液定容至 500mL，取滤液 20mL，采用 ICP-DGS 仪器分析法测定溶液中的稀土的含量，由此计算浸出率；（2）将剩余的溶液用氨水调 pH 值为 3.5~4.0，加热煮沸，过滤；（3）取滤液，向滤液加入草酸 19.43g，使稀土离子转变为沉淀，过滤，沉淀即为稀土草酸盐；（4）将沉淀置于坩埚中，放入箱式电阻炉内，800℃，保温 2h 的条件下进行焙烧，焙烧产物即为稀土氧化物，计算得到回收率。

A　搅拌速度对稀土浸出率的影响

在恒温水浴温度 85℃、液固比为 10∶1、浸出时间为 60min、盐酸浓度为 2.84mol/L 的条件下，研究搅拌速度对稀土浸出过程的影响。

研究发现，当搅拌速度大于 400r/min 时，稀土的浸出率与搅拌速度无关，故实验选取搅拌速度为 500r/min，并保持不变，以消除搅拌速度对浸出过程的影响。

B　浸出温度对稀土浸出率的影响

液固比为 10∶1、盐酸浓度为 2.84mol/L 的条件下，改变水浴温度，研究浸出温度、浸出时间对稀土浸出率的影响，结果如图 4-5 和表 4-14 所示。

温度是影响浸出过程的主要因素，由图 4-5 可以看出，随着温度的升高，稀土浸出率几乎成线性的增大，在反应时间小于 60min 时，温度每升高 10℃，浸出率提高 10% 左右；在相同的反应温度下，稀土浸出率随时间的增加而提高，在温度为 85℃、时间为 60mim 时，浸出率达到最大值 96.04%。

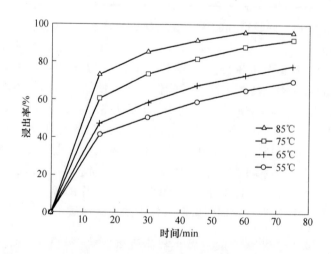

图 4-5　浸出温度对钕铁硼废料熔分渣中稀土浸出率的影响

表 4-14　不同温度、不同时间对钕铁硼废料熔分渣中稀土浸出率和回收率的影响

温度/℃	时间/min	浸出率/%	回收稀土氧化物质量/g	回收率/%
55	15	41.59	5.51	38.27
55	30	50.93	6.86	47.63
55	45	59.15	8.04	55.83
55	60	65.14	8.90	61.81
55	75	69.96	9.60	66.64
65	15	47.23	6.32	43.90
65	30	58.57	7.96	55.26
65	45	66.49	9.10	63.18
65	60	72.78	9.92	68.86
65	75	78.12	10.77	74.79
75	15	60.76	8.27	57.44
75	30	73.71	10.14	70.41
75	45	81.97	11.33	78.66
75	60	88.26	12.23	84.95
75	75	92.13	12.79	88.80
85	15	73.54	10.11	70.24
85	30	85.49	11.83	82.16
85	45	91.75	12.73	88.43
85	60	96.04	13.35	92.71
85	75	96.00	13.35	92.71

C　盐酸浓度对稀土浸出率的影响

在恒温水浴温度 85℃、液固比为 10∶1 的条件下，改变盐酸浓度，研究盐酸浓度、浸出时间对稀土浸出率的影响，其结果如图 4-6 和表 4-15 所示。随盐酸浓

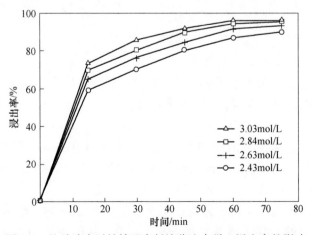

图 4-6　盐酸浓度对钕铁硼废料熔分渣中稀土浸出率的影响

度量增大，稀土浸出率呈现先增大后减小的趋势，盐酸浓度为 2.84mol/L 时，即加入量为过理论量 1.4 倍，浸出时间为 60min 时，稀土浸出率达到最大值。

表 4-15 不同盐酸浓度、不同时间对钕铁硼废料熔分渣中稀土浸出率和回收率的影响

加入量/g	过理论量/倍	盐酸浓度/mol·L^{-1}	时间/min	浸出率/%	回收稀土氧化物质量/g	回收率/%
59.97	1.20	2.43	15	59.24	8.05	55.93
59.97	1.20	2.43	30	70.29	9.64	66.97
59.97	1.20	2.43	45	80.28	11.09	76.98
59.97	1.20	2.43	60	86.94	12.04	83.61
59.97	1.20	2.43	75	90.00	12.48	86.69
64.96	1.30	2.63	15	64.95	8.87	61.62
64.96	1.30	2.63	30	76.17	10.51	72.97
64.96	1.30	2.63	45	84.04	11.62	80.72
64.96	1.30	2.63	60	91.18	12.65	87.85
64.96	1.30	2.63	75	93.12	12.93	89.79
69.96	1.40	2.84	15	73.54	10.11	70.24
69.96	1.40	2.84	30	85.49	11.83	82.16
69.96	1.40	2.84	45	91.75	12.74	88.44
69.96	1.40	2.84	60	96.04	13.35	92.71
69.96	1.40	2.84	75	96.00	13.35	92.71
74.96	1.50	3.03	15	69.36	9.51	66.04
74.96	1.50	3.03	30	80.21	11.08	76.91
74.96	1.50	3.03	45	89.68	12.44	86.36
74.96	1.50	3.03	60	94.03	13.06	90.70
74.96	1.50	3.03	75	95.13	13.22	91.80

D 粒度对稀土浸出率的影响

在恒温水浴温度 55℃、液固比为 10:1、盐酸浓度为 2.84mol/L 的条件下，改变熔分渣粒度，研究粒度、浸出时间对稀土浸出率的影响，其结果如图 4-7 和表 4-16 所示。

随粒度减小，稀土浸出率增大，当粒度小于 0.045mm，浸出时间为 75min 时，稀土浸出率达到最大值，这是因为减少粒径，熔分渣的比表面积增大，增加了熔分渣和盐酸的接触面积，从而提高了稀土的浸出率。

综上所述，钕铁硼废料熔分渣在粒度小于 0.120mm 时，熔分渣中稀土在低温、常压下浸出的最佳条件为：液固比 10:1，盐酸浓度为 2.84mol/L 时，即

1.4 倍盐酸理论用量，反应时间 60min，恒温水浴温度 85℃，稀土浸出率达到最高值为 96.04%，而此时稀土的回收率高达 92.71%。

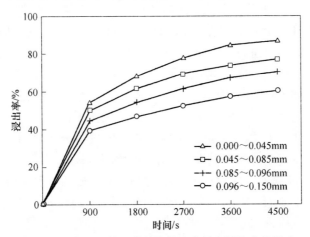

图 4-7 粒度对钕铁硼废料熔分渣中稀土浸出率的影响

表 4-16 不同粒度、不同时间对钕铁硼废料熔分渣中稀土浸出率和回收率的影响

粒度/mm	时间/min	浸出率/%	回收稀土氧化物质量/g	回收率/%
0.096~0.150	15	39.51	5.22	36.25
0.096~0.150	30	46.88	6.26	43.47
0.096~0.150	45	52.43	7.07	49.10
0.096~0.150	60	57.15	7.76	53.89
0.096~0.150	75	60.35	8.22	57.08
0.085~0.096	15	44.72	5.95	41.32
0.085~0.096	30	54.24	7.33	50.90
0.085~0.096	45	60.42	8.23	57.15
0.085~0.096	60	66.25	9.06	62.92
0.085~0.096	75	70.28	9.65	67.01
0.045~0.085	15	50.21	6.75	46.88
0.045~0.085	30	60.69	8.27	57.43
0.045~0.085	45	68.33	9.35	64.93
0.045~0.085	60	74.03	10.18	70.69
0.045~0.085	75	76.88	10.58	73.47
0.000~0.045	15	54.03	7.31	50.76
0.000~0.045	30	68.13	9.34	64.86
0.000~0.045	45	77.85	10.72	74.44
0.000~0.045	60	84.58	11.71	81.32
0.000~0.045	75	86.94	12.03	83.54

4.3.2.3 熔分渣中稀土的高温、高压浸出实验

熔分渣中稀土的低温、常压浸出实验表明：稀土浸出率最高可达 96.04%，需要的盐酸量为理论量的 1.4 倍，浸出时间为 60min，为了进一步降低盐酸的消耗量，缩短浸出时间，进行了高温、高压浸出实验，研究高温下，盐酸浓度对稀土浸出率的影响；研究不同温度、不同浸出时间对稀土浸出率的影响。

其实验过程如下：（1）取熔渣 15g 和盐酸与去离子水组成的 150mL 溶液混合，其液固比为 10∶1，在高压反应釜内加热一定时间，使其充分反应，过滤，滤液定容至 250mL，取滤液 20mL，采用 ICP-DGS 仪器分析法测定溶液中稀土的含量，由此计算浸出率；（2）将剩余的溶液用氨水调 pH 值为 3.5~4.0，加热煮沸，过滤；（3）取滤液，向滤液加入草酸 11.66g，使稀土离子转变为沉淀，过滤，沉淀即为稀土草酸盐；（4）将沉淀置于坩埚中，放入箱式电阻炉内，800℃、保温 2h 的条件下进行焙烧，焙烧产物即为稀土氧化物，计算得到回收率。

A　盐酸浓度对稀土浸出率的影响

在浸出温度为 120℃、液固比为 10∶1、浸出时间为 30min 的条件下，研究盐酸浓度对稀土浸出率的影响，其结果如表 4-17 所示。盐酸浓度为 2.03mol/L 时，即加入量为理论量 1.0 倍时，稀土浸出率达到最大值。

表 4-17　高温、高压下盐酸浓度对钕铁硼废料熔分渣中稀土浸出率和回收率的影响

加入量 /g	过理论量 /倍	盐酸浓度 /mol·L^{-1}	浸出率 /%	回收稀土氧化物 质量/g	回收率 /%
26.99	0.9	1.82	90.35	7.52	87.03
29.98	1.0	2.03	97.78	8.16	94.45
32.98	1.1	2.23	95.83	7.99	92.51

B　浸出温度、浸出时间对稀土浸出率的影响

盐酸浓度为 2.03mol/L、液固比为 10∶1 条件下，实验研究了不同浸出温度、不同浸出时间对稀土浸出率的影响，结果如表 4-18 和图 4-8 所示。

表 4-18　高温、高压下钕铁硼废料熔分渣中稀土浸出率和回收率的影响

温度/℃	时间/min	浸出率/%	回收稀土氧化物质量/g	回收率/%
100	10	47.17	3.79	43.85
100	15	66.35	5.45	63.03
100	20	79.31	6.57	76.01
100	25	88.23	7.34	84.90
100	30	93.89	7.83	90.58

续表 4-18

温度/℃	时间/min	浸出率/%	回收稀土氧化物质量/g	回收率/%
100	40	93.82	7.82	90.49
110	10	62.08	5.08	58.75
110	15	76.34	6.31	73.02
110	20	87.22	7.25	83.92
110	25	93.85	7.82	90.53
110	30	98.13	8.19	94.80
110	40	97.15	8.11	93.85
120	10	72.15	5.95	68.84
120	15	84.94	7.05	81.61
120	20	93.24	7.77	89.93
120	25	96.94	8.09	93.64
120	30	97.78	8.16	94.45
120	40	97.13	8.10	93.80
130	10	46.92	3.77	43.60
130	15	65.27	5.35	61.94
130	20	78.06	6.46	74.75
130	25	88.67	7.37	85.34
130	30	95.90	8.00	92.58
130	40	95.65	7.98	92.32

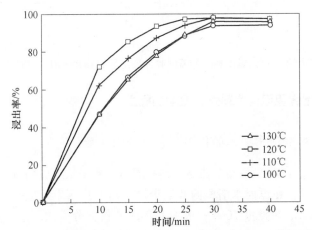

图 4-8　高温、高压条件下钕铁硼废料熔分渣稀土浸出率随时间变化曲线

由表 4-18 和图 4-8 可知，当浸出温度一定时，稀土浸出率随浸出时间的增加

而增大；当浸出时间一定时，稀土浸出率随浸出温度的升高先增大后减小，当浸出温度升高到130℃时，稀土浸出率反而降低，说明温度太高不利于稀土的浸出，最优的浸出温度为110℃，浸出时间为30min，稀土浸出率高达98.13%，此时稀土的回收率为94.80%。回收得到的稀土氧化物进行化学成分分析和XRD结构分析，结果如表4-19和图4-9所示，回收得到的稀土氧化物纯度高达99.56%，回收得到的氧化物主要为 Pr_4O_7 和 Nd_2O_3。而相比最优条件，在浸出温度为120℃，浸出时间为30min，稀土浸出率为97.78%，回收率为94.45%。故合适的工艺条件为：盐酸浓度为2.03mol/L（过理论量1.0倍），液固比为10∶1，浸出温度110℃或120℃，浸出时间为30min。

表 4-19　钕铁硼废料熔分渣回收的稀土氧化物化学成分分析表

成　分	TREO	SiO₂	Al₂O₃	Fe₂O₃
含量（质量分数)/%	99.56	<0.005	0.014	0.016

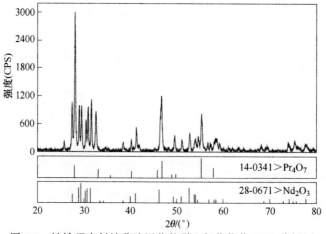

图 4-9　钕铁硼废料熔分渣回收的稀土氧化物化 XRD 分析图

4.3.3　盐酸浸出镍氢电池废料熔分渣中的稀土

4.3.3.1　熔分渣中稀土的低温、常压浸出实验

实验过程如下：（1）取熔分渣20g和盐酸与去离子水组成的200mL溶液混合，其液固比为10∶1，在恒温水浴槽内和电子搅拌器的作用下反应一定时间，过滤，滤液定容至500mL，取滤液20mL，采用ICP-DGS仪器分析法测定溶液中的稀土的含量，由此计算浸出率；（2）将剩余的溶液用氨水调pH值为3.5~4.0，加热煮沸，过滤；（3）取滤液，向滤液加入草酸12.92g，使稀土离子转变为沉淀，过滤，沉淀即为稀土草酸盐；（4）将沉淀置于坩埚中，放入箱式电阻炉内，800℃，保温

2h 的条件下进行焙烧，焙烧产物即为稀土氧化物，计算得到回收率。

A 搅拌速度对稀土浸出率的影响

在恒温水浴温度 85℃、液固比为 10∶1、浸出时间为 60min、盐酸浓度为 2.84mol/L 的条件下，研究搅拌速度对稀土浸出过程的影响。研究发现，当搅拌速度大于 450r/min 时，稀土的浸出率与搅拌速度无关，故实验选取搅拌速度为 500r/min，并保持不变，以消除搅拌速度对浸出过程的影响。

B 浸出温度对稀土浸出率的影响

液固比为 10∶1、盐酸浓度为 2.69mol/L 的条件下，改变恒温水浴温度，研究浸出温度、浸出时间对稀土浸出率的影响，其结果如图 4-10 和表 4-20 所示。

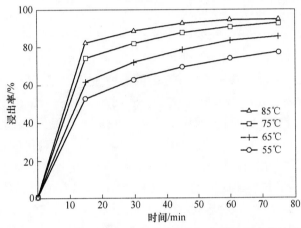

图 4-10 浸出温度对镍氢电池废料熔分渣中稀土浸出率的影响

表 4-20 不同温度、不同时间对镍氢电池废料熔分渣中稀土浸出率和回收率的影响

温度/℃	时间/min	浸出率/%	回收稀土氧化物质量/g	回收率/%
55	15	52.85	4.61	49.62
55	30	63.19	5.56	59.85
55	45	69.86	6.17	66.42
55	60	74.27	6.60	71.04
55	75	77.72	6.90	74.27
65	15	61.79	5.42	58.34
65	30	72.23	6.40	68.89
65	45	78.79	7.02	75.57
65	60	83.96	7.49	80.62
65	75	86.01	7.67	82.56
75	15	74.49	6.61	71.15

续表 4-20

温度/℃	时间/min	浸出率/%	回收稀土氧化物质量/g	回收率/%
75	30	82. 24	7. 33	78. 90
75	45	88. 05	7. 86	84. 61
75	60	91. 17	8. 15	87. 73
75	75	93. 00	8. 33	89. 67
85	15	82. 56	7. 35	79. 12
85	30	88. 91	7. 94	85. 47
85	45	92. 79	8. 31	89. 45
85	60	94. 83	8. 50	91. 50
85	75	94. 94	8. 51	91. 60

由图 4-10 可以看出，当浸出时间一定时，随浸出温度升高，稀土浸出率增大，当浸出温度一定时，稀土浸出率随时间的增加而提高，稀土浸出率随温度和时间的增加而升高，在浸出温度为 85℃、时间为 75mim 时，浸出率达到最大值 94.94%；相比钕铁硼废料熔分渣中稀土的盐酸浸出过程，在温度小于 85℃ 时，在相同的浸出时间下，镍氢电池废料熔分渣中稀土浸出过程速度更快，特别是浸出时间较短时，如浸出时间均为 15min，后者（镍氢电池废料熔分渣）浸出率较前者高 11%~15%，随浸出时间的延长这种差距逐渐减小，当浸出温度为 85℃，浸出时间大于 45min 后，前者的浸出率大于后者浸出率，其最大浸出率相差 1.10%。

C 盐酸浓度对稀土浸出率的影响

在恒温水浴温度 85℃、液固比为 10∶1 的条件下，改变盐酸浓度，研究盐酸浓度、浸出时间对稀土浸出率的影响，其结果如图 4-11 和表 4-21 所示。

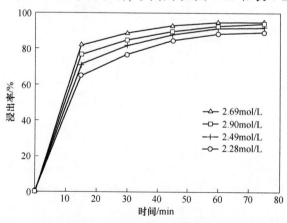

图 4-11 盐酸浓度对镍氢电池废料熔分渣中稀土浸出率的影响

表 4-21 不同盐酸浓度、时间对镍氢电池废料熔分渣中稀土浸出率和回收率的影响

加入量 /g	过理论量 /倍	盐酸浓度 /mol·L^{-1}	时间 /min	浸出率 /%	回收稀土氧化物 质量/g	回收率 /%
44.99	1.10	2.28	15	64.91	5.71	61.46
44.99	1.10	2.28	30	76.96	6.85	73.74
44.99	1.10	2.28	45	84.61	7.55	81.27
44.99	1.10	2.28	60	88.48	7.92	85.25
44.99	1.10	2.28	75	89.45	8.00	86.11
49.08	1.20	2.49	15	71.15	6.29	67.71
49.08	1.20	2.49	30	81.92	7.31	78.69
49.08	1.20	2.49	45	87.94	7.86	84.61
49.08	1.20	2.49	60	91.50	8.18	88.05
49.08	1.20	2.49	75	92.03	8.25	88.81
53.17	1.30	2.69	15	82.56	7.35	79.12
53.17	1.30	2.69	30	88.91	7.94	85.47
53.17	1.30	2.69	45	92.79	8.31	89.45
53.17	1.30	2.69	60	94.83	8.50	91.50
53.17	1.30	2.69	75	94.94	8.51	91.60
57.26	1.40	2.90	15	77.18	6.87	73.95
57.26	1.40	2.90	30	85.04	7.59	81.70
57.26	1.40	2.90	45	89.67	8.02	86.33
57.26	1.40	2.90	60	92.57	8.29	89.24
57.26	1.40	2.90	75	93.97	8.42	90.64

随盐酸浓度增大，稀土浸出率先增大后减小，盐酸浓度为 2.69mol/L 时，即过理论量 1.3 倍，浸出时间为 75min 时，稀土浸出率达到最大值。相比钕铁硼废料熔分渣中稀土的盐酸浸出过程，在相同的盐酸浓度下，浸出时间均为 15min 时，镍氢电池废料熔分渣中稀土的浸出率均大于钕铁硼废料熔分渣，且达到最大浸出率时，前者的酸消耗量（过理论量 1.4 倍）大于后者。

D　粒度对稀土浸出率的影响

在恒温水浴温度 55℃、液固比为 10∶1、盐酸浓度为 2.69mol/L 的条件下，改变熔分渣粒度，研究粒度、浸出时间对稀土浸出率的影响，其结果如图 4-12 和表 4-22 所示。

粒度是影响浸出过程的重要因素，随粒度减小，稀土浸出率增大，当粒度小于 0.045mm，浸出时间为 75min 时，稀土浸出率达到最大值 96.66%，减少粒径，

熔分渣的比表面积增大，提高了界面传质速度，从而提高了稀土的浸出率；与钕铁硼废料熔分渣盐酸浸出过程相比，粒度对镍氢电池废料熔分渣浸出过程的影响更加明显，在粒度为 0.096~0.150mm，时间为 15min 时，前者（钕铁硼废料熔分渣）浸出率大于后者，而随浸出时间的延长，后者浸出率大于前者，当粒度小于 0.096mm 以后，后者浸出率均大于前者，且随粒度的减小，这种差距逐渐增大；在粒度为 0.000~0.045mm，时间为 75min 时，两者均达到最大浸出率，其浸出率后者远远大于前者，其差值为 9.72%。

表 4-22 不同粒度、不同时间对镍氢电池废料熔分渣中稀土浸出率和回收率的影响

粒度/mm	时间/min	浸出率/%	回收稀土氧化物质量/g	回收率/%
0.096~0.150	15	36.81	3.11	33.48
0.096~0.150	30	48.01	4.14	44.56
0.096~0.150	45	55.01	4.81	51.78
0.096~0.150	60	61.57	5.41	58.23
0.096~0.150	75	67.49	5.95	64.05
0.085~0.096	15	51.02	4.43	47.69
0.085~0.096	30	64.59	5.69	61.25
0.085~0.096	45	72.55	6.44	69.32
0.085~0.096	60	77.93	6.92	74.49
0.085~0.096	75	83.53	7.45	80.19
0.045~0.085	15	68.89	6.08	65.45
0.045~0.085	30	80.30	7.16	77.07
0.045~0.085	45	84.82	7.57	81.49
0.045~0.085	60	87.94	7.87	84.71
0.045~0.085	75	90.64	8.11	87.30
0.000~0.045	15	81.16	7.23	77.83
0.000~0.045	30	90.31	8.09	87.08
0.000~0.045	45	94.62	8.48	91.28
0.000~0.045	60	96.02	8.62	92.79
0.000~0.045	75	96.66	8.66	93.22

综上所述，镍氢电池废料熔分渣在粒度小于 0.120mm 时，熔分渣中稀土在低温、常压下浸出的最佳条件为：液固比 10:1，盐酸浓度为 2.69mol/L 时，即 1.3 倍盐酸理论用量，反应时间 75min，恒温水浴温度 85℃，稀土浸出率达到最高值为 94.94%，而此时稀土的回收率高达 91.60%。

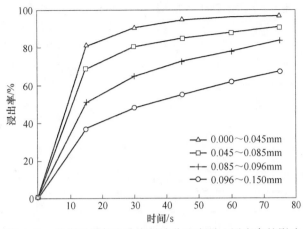

图 4-12　粒度对镍氢电池废料熔分渣中稀土浸出率的影响

4.3.3.2　熔分渣中稀土的高温、高压浸出实验

熔分渣中稀土的低温、常压浸出实验表明：稀土浸出率最高可达 94.94%，需要的盐酸量为理论量的 1.3 倍，浸出时间为 75min，为了进一步降低盐酸的消耗量，缩短浸出时间，研究高温下，盐酸浓度对稀土浸出率的影响；研究不同温度、不同浸出时间对稀土浸出率的影响。

镍氢电池熔分渣高温、高压盐酸浸出实验过程与钕铁硼废料相同，其不同之处在于草酸沉淀时，草酸用量为 9.69g。

A　盐酸浓度对稀土浸出率的影响

在浸出温度为 120℃、液固比为 10∶1、浸出时间为 30min 的条件下，研究盐酸浓度对稀土浸出率的影响，其结果如表 4-23 所示。盐酸浓度为 2.49mol/L 时，即加入量为理论量 1.2 倍时，稀土浸出率达到最大值。

表 4-23　高温、高压下盐酸浓度对镍氢电池废料熔分渣中稀土浸出率和回收率的影响

加入量 /g	过理论量 /倍	盐酸浓度 /mol·L^{-1}	浸出率 /%	回收稀土氧化物 质量/g	回收率 /%
30.67	1.0	2.07	87.23	5.84	83.79
33.74	1.1	2.28	92.54	6.23	89.38
36.81	1.2	2.49	95.12	6.40	91.82
39.88	1.3	2.69	93.97	6.33	90.82

B　浸出温度、浸出时间对稀土浸出率的影响

盐酸浓度为 2.49mol/L、液固比为 10∶1 条件下，实验研究了不同浸出温度、不同浸出时间对稀土浸出率的影响，结果如表 4-24 和图 4-13 所示。

表 4-24 高温、高压下镍氢电池废料熔分渣中稀土浸出率和回收率的影响

温度/℃	时间/min	浸出率/%	回收稀土氧化物质量/g	回收率/%
100	5	63.27	4.18	59.97
100	10	75.47	5.02	72.02
100	15	80.20	5.37	77.04
100	20	83.50	5.59	80.20
100	25	86.08	5.78	82.93
100	30	88.81	5.96	85.51
110	5	68.87	4.56	65.42
110	10	81.06	5.42	77.76
110	15	85.22	5.72	82.07
110	20	88.24	5.92	84.94
110	25	90.39	6.06	86.94
110	30	92.11	6.19	88.81
120	5	74.61	4.96	71.16
120	10	85.22	5.72	82.07
120	15	89.24	5.99	85.94
120	20	91.25	6.14	88.09
120	25	93.26	6.26	89.81
120	30	95.12	6.40	91.82
130	5	81.06	5.42	77.76
130	10	91.10	6.13	87.95
130	15	93.83	6.32	90.67
130	20	95.55	6.42	92.11
130	25	96.70	6.51	93.40
130	30	96.70	6.51	93.40

由表 4-24 和图 4-13 可知，当浸出温度一定时，稀土浸出率随浸出时间的增加而增大，当浸出时间一定时，稀土浸出率随浸出温度的升高而增大。最优的工艺条件为：盐酸浓度 2.49mol/L（即过理论量 1.2 倍）、液固比 10∶1，浸出温度 130℃，浸出时间 25min，稀土浸出率为 96.70%，此时稀土的回收率为 93.40%，回收得到的稀土氧化物进行化学成分分析和 XRD 结构分析，结果如表 4-25 和图 4-14 所示，回收得到的稀土氧化物纯度高达 99.51%，回收得到的氧化物主要为 La$_2$O$_3$；相比钕铁硼废料熔分渣中稀土的高温、高压盐酸浸出过程，镍氢电池废料熔分渣浸出过程速度更快，仅需要 5min 即可达到较高的浸出率，但盐酸用量

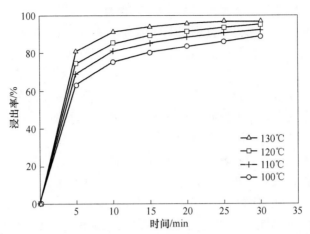

图 4-13   高温、高压条件下镍氢电池废料熔分渣稀土浸出率随时间变化曲线

有所提高，最大浸出率较前者低 1.43%。

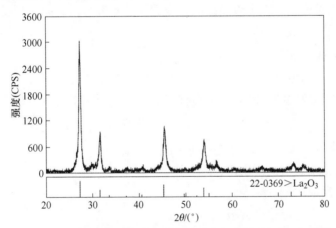

图 4-14   镍氢电池废料熔分渣回收的稀土氧化物化 XRD 分析图

表 4-25   镍氢电池废料熔分渣回收的稀土氧化物化学成分分析表

成 分	TREO	SiO$_2$	Al$_2$O$_3$	NiO	CoO	MnO
含量（质量分数）/%	99.51	0.012	0.013	0.024	0.017	0.043

4.4 REO-SiO$_2$-Al$_2$O$_3$ 基熔渣盐酸浸出过程动力学分析

湿法冶金的浸出过程实质就是用适宜的浸出剂有选择性地溶解固体物料中的一种或几种有价金属，使之与固体物料中的不溶成分分离的过程。

钕铁硼废料经 H$_2$ 选择性还原—渣金熔分后形成稀土富集渣，熔渣中主要成分为稀土氧化物、SiO$_2$、Al$_2$O$_3$，选择 HCl 作为浸出剂，实验研究了熔渣低温、常压和高温、高压条件下的浸出工艺，本节针对两种工艺过程，进行稀土浸出过程的动力学研究，通过动力学分析，了解稀土在浸出过程中的动力学行为，探索浸出过程的动力学机理，得到浸出过程的控速环节和影响浸出过程的动力学方程。

稀土熔渣的浸出过程为固—液相多相反应，符合固—液相多相反应的基本特征。如果熔渣中反应物粒子近似为球形颗粒，则浸出过程可以按收缩核模型进行描述。整个浸出过程经历以下步骤[94,133,134]：

（1）浸出剂盐酸通过扩散层向稀土熔渣固体颗粒表面的扩散，即外扩散。

（2）浸出剂盐酸进一步通过固体膜的扩散，即内扩散。

（3）浸出剂盐酸与稀土熔渣固体颗粒发生化学反应，同时伴有吸附或解吸。

（4）生成的不溶性产物层使固体膜增厚，生成的可溶性产物通过固体膜的扩散，即内扩散。

（5）生成的可溶性产物扩散到溶液中，即外扩散。

整个浸出过程的速率由液膜扩散、或固体膜扩散、或表面化学反应中最慢的环节控制，或二者混合控制。

A　化学反应控制动力学方程

对于粒度均匀致密的球形，且浸出剂浓度视为不变的浸出过程，若通过液膜扩散层和固体扩散层的扩散阻力很小时，反应速度受化学反应控制，其动力学方程可表示为：

$$1 - (1 - \alpha)^{\frac{1}{3}} = k_1 t \tag{4-33}$$

式中　α——稀土熔渣的浸出率，%；

　　　t——反应时间，s；

　　　k_1——化学反应速度常数。

化学反应控制的特征：

（1）$1 - (1 - \alpha)^{1/3}$ 值与浸出时间 t 呈线性关系且过原点。

（2）浸出过程的浸出率随温度的升高而迅速增大，根据不同温度下的化学反应速度常数 k 值，按阿伦尼乌斯公式得到的表观活化能应大于 41.8kJ/mol。

B　内扩散控制的动力学方程

如果浸出过程受固体膜扩散阻力控制，则反应速度受内扩散控制，其动力学方程可采用克-金-布方程表示：

$$1 - \frac{2}{3}\alpha - (1 - \alpha)^{\frac{2}{3}} = k_2 t \tag{4-34}$$

式中　k_2——内扩散控制的速度常数。

内扩散控制的特征：

（1）$1 - \dfrac{2}{3}\alpha - (1 - \alpha)^{2/3}$ 值与浸出时间 t 呈线性关系。

（2）表观活化能小，一般为 $4\sim12\mathrm{kJ/mol}$。

C　混合控制的动力学方程

混合控制的动力学方程为：

$$1 - (1 - \alpha)^{\frac{1}{3}} = k_3 t \tag{4-35}$$

式中　k_3——表观化学反应速度常数。

混合控制的特征：

（1）$1 - (1 - \alpha)^{1/3}$ 值与浸出时间 t 呈线性关系。

（2）表观活化能在 $12\sim41.8\mathrm{kJ/mol}$ 之间。

D　外扩散控制动力学方程

外扩散控制的动力学方程为：

$$1 - (1 - \alpha)^{\frac{1}{3}} = k_4 t \tag{4-36}$$

式中　k_4——外扩散控制速度常数。

外扩散控制的主要特征是：$1 - (1 - \alpha)^{1/3}$ 值与浸出时间 t 呈线性关系；表观活化能较小为 $4\sim12\mathrm{kJ/mol}$。

Dickinson[135,136]等人在核收缩模型基础上建立了一种新的动力学模型，以表征浸出过程由界面传质和固体膜层扩散共同控制，其动力学方程如下：

$$\frac{1}{3}\ln(1 - \alpha) - 1 + (1 - \alpha)^{-\frac{1}{3}} = kt \tag{4-37}$$

式中　k——反应速度常数。

稀土熔渣浸出过程控速环节的判断可采用尝试法，即按上述方程式（4-33）~式（4-37），如果浸出过程受化学反应控制，$1 - (1 - \alpha)^{1/3}$ 对时间 t 作图，可得直线且过原点，便可求得斜率 k_1；如果浸出过程受内扩散控制，以 $1 - \dfrac{2}{3}\alpha - (1 - \alpha)^{2/3}$ 对时间 t 作图，可得直线，便可求得斜率 k_2；按同样的方法可分别判断式（4-35）~式（4-37）的情况。由方程式（4-33）~式（4-37）可知，浸出过程受化学反应控制、外扩散控制和混合控制，其方程形式相类似，故如果 $1 - (1 - \alpha)^{1/3}$ 对时间 t 作图，呈现直线规律，则再根据阿伦尼乌斯公式计算得到的表观活化能数值大小来判断过程的控速环节；同理，另外两个方程也均有类似的判别方法。

4.4.1　盐酸浸出钕铁硼废料熔分渣中稀土过程的动力学分析

4.4.1.1　低温、常压浸出过程动力学分析

按上述方法，根据方程式（4-33）~式（4-37），建立浸出过程的动力学方程。

A 温度对浸出过程的影响

为了确定浸出过程的动力学方程，首先研究了温度对浸出过程的影响，利用表 4-14 的实验数据，分别以 $1-(1-\alpha)^{1/3}$、$1-\dfrac{2}{3}\alpha-(1-\alpha)^{2/3}$ 和 $\dfrac{1}{3}\ln(1-\alpha)-1+(1-\alpha)^{-1/3}$ 为纵坐标，时间 t 为横坐标作图，得到不同动力学模型下的相关系数 r，如表 4-26 所示。

表 4-26 钕铁硼废料熔分渣不同温度下三种动力学模型的相关系数 r

反应温度/℃	三种动力学模型的相关系数 r		
	$1-(1-\alpha)^{1/3}$	$1-\dfrac{2}{3}\alpha-(1-\alpha)^{2/3}$	$\dfrac{1}{3}\ln(1-\alpha)-1+(1-\alpha)^{-1/3}$
55	0.9931	0.9993	0.9891
65	0.9939	0.9999	0.9790
75	0.9935	0.9976	0.9546
85	0.9949	0.9948	0.9230

由表 4-26 可知，化学反应控制、外扩散控制和混合控制的动力学方程，$1-(1-\alpha)^{1/3}$ 对时间 t 作图，其相关系数均大于 0.99，呈现良好的线性关系，但直线不过原点，如图 4-15 所示，线性方程、速率常数数据见表 4-27，说明此过程不是化学反应控制，为了进一步确定过程的控速环节，按阿伦尼乌斯公式，以速率常数 k 的对数 $\ln k$ 为纵坐标，$1/T\times10^{-4}$ 横坐标作图，如图 4-16 所示，由此得到直线的斜率，并计算得到表观活化能，其数值为 29.25kJ/mol，以及指数前因子，其数值为 2.0209s^{-1}，相关数据见表 4-28，若浸出过程由外扩散控制，其表观活化能为 4~12kJ/mol，若过程混合控制，其表观活化能为 12~41.8kJ/mol，由此可知，在低温、常压下，浸出过程控速环节为混合控制。

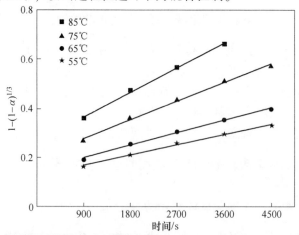

图 4-15 钕铁硼废料熔分渣不同温度下按 $1-(1-\alpha)^{1/3}$ 对 t 的 k 拟合曲线

表 4-27　钕铁硼废料熔分渣不同温度下按 $1-(1-\alpha)^{1/3}$ 对 t 拟合的 k 及 r

反应温度/℃	线性方程	k	r
55	$y=4.6371\times10^{-5}x+0.1268$	4.6371×10^{-5}	0.9931
65	$y=5.6492\times10^{-5}x+0.1477$	5.6492×10^{-5}	0.9939
75	$y=8.4233\times10^{-5}x+0.2014$	8.4233×10^{-5}	0.9935
85	$y=1.1040\times10^{-4}x+0.01063$	1.1040×10^{-4}	0.9949

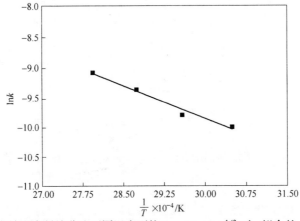

图 4-16　钕铁硼废料熔分渣不同温度下按 $1-(1-\alpha)^{1/3}$ 对 t 拟合的 E 拟合曲线

表 4-28　钕铁硼废料熔分渣不同温度下按 $1-(1-\alpha)^{1/3}$ 对 t 拟合的 E 及 A

温度区间/℃	线性方程	表观活化能 E/kJ·mol^{-1}	指数前因子 A/s^{-1}
55~85	$y=-0.3518x+0.7035$	29.25	2.0209

　　表 4-26 的数据表明，内扩散控制的动力学方程，$1-\dfrac{2}{3}\alpha-(1-\alpha)^{2/3}$ 对时间 t 作图，其相关系数也均大于 0.99，呈现良好的线性关系，如图 4-17 所示，线性方程、速率常数数据见表 4-29，为了进一步确定过程的控速环节，按阿伦尼乌斯公式，以速率常数 k 的对数 $\ln k$ 为纵坐标，$1/T\times10^{-4}$ 横坐标作图，如图 4-18 所示，由此得到直线的斜率，并计算得到表观活化能，其数值为 38.72kJ/mol，以及指数前因子，其数值为 24.28s^{-1}，相关数据见表 4-30，若浸出过程由内扩散控制，其表观活化能为 4~12kJ/mol，由此可知，在低温、常压下，浸出过程控不受内扩散控制。

　　由表 4-26 可知，由界面传质和固体膜层扩散共同控制的动力学方程，以 $\dfrac{1}{3}\ln(1-\alpha)-1+(1-\alpha)^{-1/3}$ 对时间 t 作图，其相关系数均小于 0.99，不具有良好的线性关系，故此过程不属于界面传质和固体膜层扩散共同控制。

综上所述，钕铁硼废料熔分渣中稀土盐酸浸出，在低温、常压条件下，浸出过程属于扩散和化学反应混合控制，其表观活化能为 29.25kJ/mol，指数前因子为 2.0209s⁻¹。

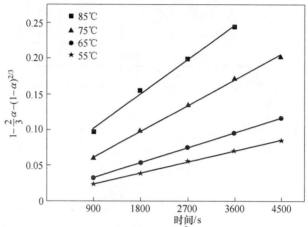

图 4-17　钕铁硼废料熔分渣不同温度下按 $1-\dfrac{2}{3}\alpha-(1-\alpha)^{2/3}$ 对 t 的 k 拟合曲线

表 4-29　钕铁硼废料熔分渣不同温度下按 $1-\dfrac{2}{3}\alpha-(1-\alpha)^{2/3}$ 对 t 拟合的 k 及 r

反应温度/℃	线性方程	k	r
55	$y=1.7138\times10^{-5}x+0.00831$	1.7138×10^{-5}	0.9993
65	$y=2.3218\times10^{-5}x+0.01153$	2.3218×10^{-5}	0.9999
75	$y=4.0004\times10^{-5}x+0.02510$	4.0004×10^{-5}	0.9976
85	$y=5.3645\times10^{-5}x+0.05277$	5.3645×10^{-5}	0.9948

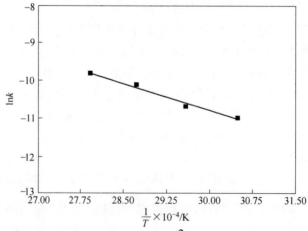

图 4-18　钕铁硼废料熔分渣不同温度下按 $1-\dfrac{2}{3}\alpha-(1-\alpha)^{2/3}$ 对 t 拟合的 E 拟合曲线

表 4-30 钕铁硼废料熔分渣不同温度下按 $1-\dfrac{2}{3}\alpha-(1-\alpha)^{2/3}$ 对 t 拟合的 E 及 A

温度区间/℃	线性方程	表观活化能 E/kJ·mol^{-1}	指数前因子 A/s^{-1}
55~85	$y=-0.4657x+3.1898$	38.72	24.28

B 盐酸浓度对浸出过程的影响

为了确定盐酸浓度对稀土浸出率的影响，将表 4-15 的数据代入混合控制动力学方程式（4-35）中，得到 $1-(1-\alpha)^{1/3}$ 对时间 t 的关系曲线图，如图 4-19 所示，其直线斜率 k 及相关系数 r 结果如表 4-31 所示。

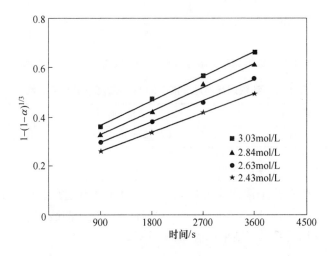

图 4-19 钕铁硼废料熔分渣不同 HCl 浓度下按 $1-(1-\alpha)^{1/3}$ 对 t 的 k 拟合曲线

表 4-31 钕铁硼废料熔分渣不同 HCl 浓度下按 $1-(1-\alpha)^{1/3}$ 对 t 拟合的 k 及 r

盐酸浓度/mol·L^{-1}	线性方程	k	r
2.43	$y=8.7497\times10^{-5}x+0.1786$	8.7497×10^{-5}	0.9989
2.63	$y=9.5260\times10^{-5}x+0.2075$	9.5260×10^{-5}	0.9970
2.84	$y=1.1040\times10^{-4}x+0.2657$	1.1040×10^{-4}	0.9949
3.03	$y=1.0708\times10^{-4}x+0.2299$	1.0708×10^{-4}	0.9932

由表 4-31 可知，按混合控制动力学方程式得到的 $1-(1-\alpha)^{1/3}$ 对时间 t 的直线，其相关系数均大于 0.99，说明浸出过程受扩散和化学反应混合控制。

将表 4-31 中的各直线斜率 k 的对数与 HCl 浓度的对数作图，如图 4-20 所示，其线性方程及反应级数数据见表 4-32。

由表 4-32 可知，稀土盐酸浸出与浓度相关的反应级数为 1.49。

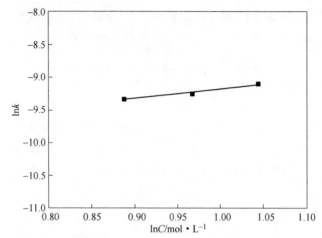

图 4-20 钕铁硼废料熔分渣不同 HCl 浓度与 k 的拟合曲线

表 4-32 钕铁硼废料熔分渣不同 HCl 浓度下的反应级数

盐酸浓度/mol · L^{-1}	线性方程	因子
2.43~2.84	$y = 1.4891x - 10.6769$	1.49

C 粒度对浸出过程的影响

为了确定粒度对稀土浸出率的影响，将表 4-16 的数据代入混合控制动力学方程式 (4-35) 中，得到 $1 - (1-\alpha)^{1/3}$ 对时间 t 的关系曲线图，如图 4-21 所示，其直线斜率 k 及相关系数 r 结果如表 4-33 所示。

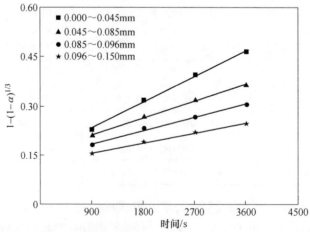

图 4-21 钕铁硼废料熔分渣不同粒度下按 $1 - (1-\alpha)^{1/3}$ 对 t 的 k 拟合曲线

由表 4-33 可知，按混合控制动力学方程式得到的 $1 - (1-\alpha)^{1/3}$ 对时间 t 的直线，其相关系数均大于 0.99，说明浸出过程受扩散和化学反应混合控制。将表

4-33 中的各直线斜率 k 的对数与粒度 d_p 的对数作图，如图 4-22 所示，其线性方程及反应级数数据见表 4-34。由表 4-34 可知，稀土盐酸浸出与浓度相关的反应级数为 -0.55。

表 4-33　钕铁硼废料熔分渣不同粒度下按 $1-(1-\alpha)^{1/3}$ 对 t 拟合的 k 及 r

粒度/mm	线性方程	k	r
0.096 ~ 0.150	$y = 3.3856 \times 10^{-5} x + 0.1263$	3.3856×10^{-5}	0.9930
0.085 ~ 0.096	$y = 4.5533 \times 10^{-5} x + 0.1421$	4.5533×10^{-5}	0.9914
0.045 ~ 0.085	$y = 5.7185 \times 10^{-5} x + 0.1601$	5.7185×10^{-5}	0.9924
0.000 ~ 0.045	$y = 8.7179 \times 10^{-5} x + 0.1548$	8.7179×10^{-5}	0.9952

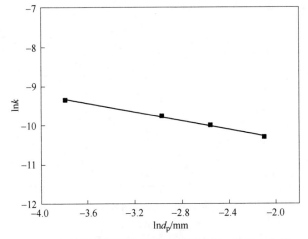

图 4-22　钕铁硼废料熔分渣不同粒度与 k 的拟合曲线

表 4-34　钕铁硼废料熔分渣不同粒度下的反应级数

粒度/mm	线性方程	因子
0.000 ~ 0.150	$y = -0.5530 x - 11.4306$	-0.55

综上所述，钕铁硼废料熔分渣盐酸浸出过程的表观速度常数、温度和盐酸浓度及熔分渣粒度有关，并存在以下关系[138]：

$$k = A c^a d^b \exp\left(-\frac{E}{RT}\right) \qquad (4-38)$$

式中　A——阿伦尼乌斯公式中的指数前因子，s^{-1}；

c——盐酸浓度，mol/L；

a——盐酸浓度的反应级数；

d——熔分渣粒度，mm；

b——熔分渣粒度的反应级数。

由此可得，熔分渣中稀土盐酸浸出过程的动力学方程为：

$$1 - (1 - \alpha)^{\frac{1}{3}} = 2.0209c^{1.49}d^{-0.55}\exp\left(-\frac{29250}{RT}\right)t \tag{4-39}$$

4.4.1.2 高温、高压浸出过程动力学分析

熔分渣高温、高压浸出动力学分析方法与低温、低压过程相类似，利用表 4-18 的实验数据，研究了温度对浸出过程的影响，分别以 $1 - (1 - \alpha)^{1/3}$、$1 - \frac{2}{3}\alpha - (1 - \alpha)^{2/3}$ 和 $\frac{1}{3}\ln(1 - \alpha) - 1 + (1 - \alpha)^{-1/3}$ 为纵坐标，时间 t 为横坐标作图，得到不同动力学模型下的相关系数 r，如表 4-35 所示。

表 4-35　钕铁硼废料熔分渣高温、高压下三种动力学模型的相关系数 r

反应温度/℃	三种动力学模型的相关系数 r		
	$1 - (1 - \alpha)^{1/3}$	$1 - \frac{2}{3}\alpha - (1 - \alpha)^{2/3}$	$\frac{1}{3}\ln(1 - \alpha) - 1 + (1 - \alpha)^{-1/3}$
100	0.9988	0.9988	0.8758
110	0.9983	0.9984	0.7696
120	0.9947	0.9924	0.9173
130	0.9988	0.9912	0.8219

表 4-35 的数据表明，在温度 100~130℃ 范围内，内扩散控制的动力学方程，$1 - \frac{2}{3}\alpha - (1 - \alpha)^{2/3}$ 对时间 t 作图，其相关系数均大于 0.99，呈现良好的线性关系，如图 4-23 所示，线性方程、速率常数数据如表 4-36 所示，在温度为 130℃

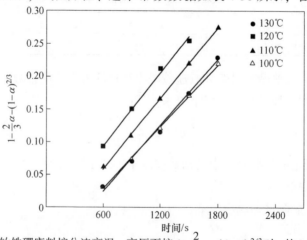

图 4-23　钕铁硼废料熔分渣高温、高压下按 $1 - \frac{2}{3}\alpha - (1 - \alpha)^{2/3}$ 对 t 的 k 拟合曲线

时，浸出率反而降低，故计算表观活化能时，选用温度为 100~120℃ 之间，按阿伦尼乌斯公式，得到直线的斜率，如图 4-24 所示，由此得到的表观活化能为 9.63kJ/mol，指数前因子为 3.57×10^{-3}s^{-1}，相关数据如表 4-37 所示，若浸出过程由内扩散控制时，表观活化能为 4~12kJ/mol 之间，故在高温、高压下，浸出过程受内扩散控制。

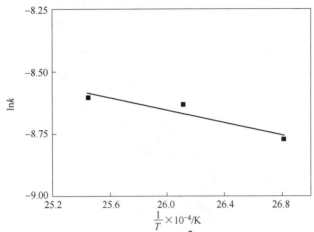

图 4-24　钕铁硼废料熔分渣高温、高压下按 $1-\dfrac{2}{3}\alpha-(1-\alpha)^{2/3}$ 对 t 拟合的 E 拟合曲线

表 4-36　钕铁硼废料熔分渣高温、高压下按 $1-\dfrac{2}{3}\alpha-(1-\alpha)^{2/3}$ 对 t 拟合的 k 及 r

反应温度/℃	线性方程	k	r
100	$y=1.5720\times10^{-4}x-0.06505$	1.5720×10^{-4}	0.9988
110	$y=1.7874\times10^{-4}x-0.04860$	1.7874×10^{-4}	0.9984
120	$y=1.8396\times10^{-4}x-0.01527$	1.8396×10^{-4}	0.9924
130	$y=1.6669\times10^{-4}x-0.07550$	1.6670×10^{-4}	0.9912

表 4-37　钕铁硼废料熔分渣高温、高压下按 $1-\dfrac{2}{3}\alpha-(1-\alpha)^{2/3}$ 对 t 拟合的 E 及 A

温度区间/℃	线性方程	表观活化能 E/kJ·mol^{-1}	指数前因子 A/s^{-1}
100~120	$y=-0.1159x-5.6365$	9.63	3.57×10^{-3}

由表 4-35 可知，$1-(1-\alpha)^{1/3}$ 对时间 t 作图的相关系数也均大于 0.99，其拟合曲线如图 4-25 所示，线性方程、速率常数数据见表 4-38，在 100~120℃ 之间，按阿伦尼乌斯公式，得到直线的斜率，如图 4-26 所示。计算得到表观活化能为 6.25kJ/mol，相关数据见表 4-39，由此判断，低温、常压下的浸出过程不属于化学反应控制或混合控制。在高温下，一般外扩散控制不会成为过程的控制环节。

表 4-38   钕铁硼废料熔分渣高温、高压下按 $1-(1-\alpha)^{1/3}$ 对 t 拟合的 k 及 r

反应温度/℃	线性方程	k	r
100	$y = 3.4485 \times 10^{-4}x - 9.6886 \times 10^{-3}$	3.4485×10^{-4}	0.9988
110	$y = 3.8018 \times 10^{-4}x - 4.2555 \times 10^{-2}$	3.8018×10^{-4}	0.9983
120	$y = 3.8182 \times 10^{-4}x - 0.1228$	3.8182×10^{-4}	0.9947
130	$y = 3.6540 \times 10^{-4}x - 3.2620 \times 10^{-2}$	3.6540×10^{-4}	0.9988

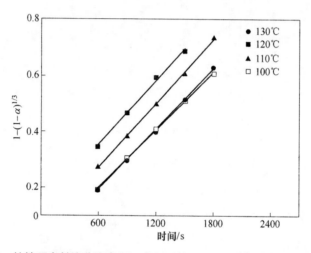

图 4-25   钕铁硼废料熔分渣高温、高压下按 $1-(1-\alpha)^{1/3}$ 对 t 的 k 拟合曲线

表 4-39   钕铁硼废料熔分渣高温、高压下按 $1-(1-\alpha)^{1/3}$ 对 t 拟合的 E 及 A

温度区间/℃	线性方程	表观活化能 $E/\text{kJ} \cdot \text{mol}^{-1}$	指数前因子 A/s^{-1}
100~120	$y = -0.07522x - 5.9411$	6.25	2.63×10^{-3}

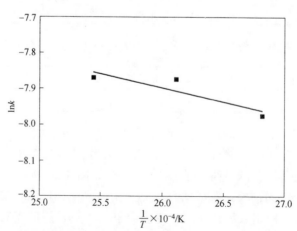

图 4-26   钕铁硼废料熔分渣高温、高压下按 $1-(1-\alpha)^{1/3}$ 对 t 拟合的 E 拟合曲线

由表 4-35 可知，由界面传质和固体膜层扩散共同控制的动力学方程，以 $\frac{1}{3}\ln(1-\alpha)-1+(1-\alpha)^{-1/3}$ 对时间 t 作图，其相关系数均小于 0.99，不具有良好的线性关系，故此过程不属于界面传质和固体膜层扩散共同控制。

综上所述，钕铁硼废料熔分渣中稀土盐酸浸出，在高温、高压条件下，浸出过程属于内扩散控制，其表观活化能为 9.63kJ/mol，指数前因子为 $3.57\times10^{-3}\mathrm{s}^{-1}$。

4.4.2　盐酸浸出镍氢电池废料熔分渣中稀土过程的动力学分析

镍氢电池废料熔分渣盐酸浸出稀土过程的动力学分析与钕铁硼废料熔分渣中稀土盐酸浸出过程动力学分析方法相类似，根据方程式（4-33）~式（4-37），建立浸出过程的动力学方程。

4.4.2.1　低温、常压浸出过程动力学分析

A　温度对浸出过程的影响

利用表 4-20 的实验数据，首先确定温度对浸出过程的影响，从而建立浸出过程的动力学方程，分别以 $1-(1-\alpha)^{1/3}$、$1-\frac{2}{3}\alpha-(1-\alpha)^{2/3}$ 和 $\frac{1}{3}\ln(1-\alpha)-1+(1-\alpha)^{-1/3}$ 为纵坐标，时间 t 为横坐标作图，得到不同温度下三种动力学模型的相关系数 r，如表 4-40 所示。

表 4-40　镍氢电池废料熔分渣不同温度下三种动力学模型的相关系数 r

反应温度/℃	三种动力学模型的相关系数 r		
	$1-(1-\alpha)^{1/3}$	$1-\frac{2}{3}\alpha-(1-\alpha)^{2/3}$	$\frac{1}{3}\ln(1-\alpha)-1+(1-\alpha)^{-1/3}$
55	0.9698	0.9852	0.9999
65	0.9636	0.9735	0.9923
75	0.9693	0.9706	0.9958
85	0.9771	0.9740	0.9964

由表 4-40 可知，不同温度下，以界面传质和固体膜层扩散共同控制的动力学方程 $\frac{1}{3}\ln(1-\alpha)-1+(1-\alpha)^{-1/3}$ 对时间 t 作图，其相关系数均大于 0.99，呈现良好的线性关系，且直线过原点，如图 4-27 所示，线性方程、速率常数数据见表 4-41，按阿伦乌斯公式，以速率常数 k 的对数 $\ln k$ 为纵坐标，$1/T\times10^{-4}$ 为横坐标作图，如图 4-28 所示，由此得到直线的斜率，并计算得到表观活化能，其数值为 57.68kJ/mol，以及指数前因子，其数值为 $5.02\times10^{4}\mathrm{s}^{-1}$，相关数据见表

4-42；而化学反应控制、外扩散控制和混合控制的动力学方程 $1-(1-\alpha)^{1/3}$ 及内扩散控制的动力学方程 $1-\dfrac{2}{3}\alpha-(1-\alpha)^{2/3}$，分别对时间 t 作图，其相关系数均小于 0.99，不具有良好的线性关系，故此过程不属于以上环节控制。

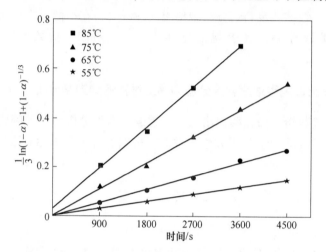

图 4-27 镍氢电池废料熔分渣不同温度下 k 拟合曲线

表 4-41 镍氢电池废料熔分渣不同温度下拟合的 k 及 r

反应温度/℃	线性方程	k	r
55	$y=3.1914\times10^{-5}x+0.0052$	3.1914×10^{-5}	0.9999
65	$y=6.1267\times10^{-5}x-0.00059$	6.1267×10^{-5}	0.9923
75	$y=1.1899\times10^{-4}x+0.0033$	1.1899×10^{-4}	0.9958
85	$y=1.8281\times10^{-4}x+0.0334$	1.8281×10^{-4}	0.9964

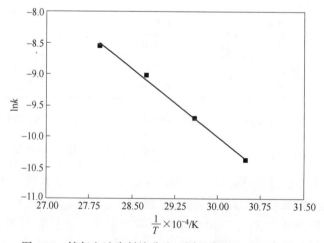

图 4-28 镍氢电池废料熔分渣不同温度下 E 的拟合曲线

表 4-42　镍氢电池废料熔分渣不同温度下拟合的 *E* 及 *A*

温度区间/℃	线性方程	表观活化能 E/kJ·mol^{-1}	指数前因子 A/s^{-1}
55~85	$y = -0.6938x + 10.8234$	57.68	5.02×10^4

综上所述，镍氢电池废料熔分渣中稀土盐酸浸出，在低温、常压条件下，属于界面传质和固体膜层扩散共同控制，其表观活化能为 57.68kJ/mol，指数前因子为 $5.02 \times 10^4 \text{s}^{-1}$。

B　盐酸浓度对浸出过程的影响

为了确定盐酸浓度对稀土浸出率的影响，将表 4-21 的数据代入界面传质和固体膜层扩散共同控制的动力学方程式（4-37）中，得到 $\frac{1}{3}\ln(1-\alpha) - 1 + (1-\alpha)^{-1/3}$ 对时间 *t* 的关系曲线图，如图 4-29 所示，其直线斜率 *k* 及相关系数 *r* 结果见表 4-43。

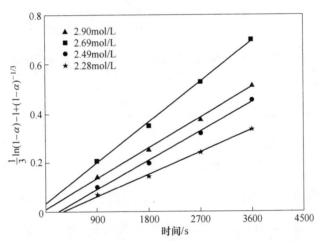

图 4-29　镍氢电池废料熔分渣不同 HCl 浓度下的 *k* 拟合曲线

表 4-43　镍氢电池废料熔分渣不同 HCl 浓度下拟合的 *k* 及 *r*

盐酸浓度/mol·L^{-1}	线性方程	k	r
2.28	$y = 9.9859 \times 10^{-5} x - 0.0278$	9.9859×10^{-5}	0.9943
2.49	$y = 1.3127 \times 10^{-4} x - 0.0281$	1.3127×10^{-4}	0.9936
2.69	$y = 1.8281 \times 10^{-4} x + 0.0335$	1.8281×10^{-4}	0.9964
2.90	$y = 1.3653 \times 10^{-4} x + 0.0131$	1.3653×10^{-4}	0.9952

由表 4-43 可知，界面传质和固体膜层扩散共同控制的动力学方程式 $\frac{1}{3}\ln(1-\alpha) - 1 + (1-\alpha)^{-1/3}$ 对时间 *t* 的直线，其相关系数均大于 0.99，且直

线过原点，说明浸出过程受界面传质和固体膜层扩散共同控制。将表 4-43 中的各直线斜率 k 的对数与 HCl 浓度的对数 lnC 作图，如图 4-30 所示，其线性方程及反应级数数据见表 4-44，稀土盐酸浸出与浓度相关的反应级数为 3.64。

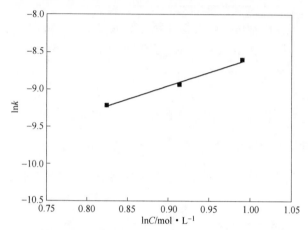

图 4-30 镍氢电池废料熔分渣不同 HCl 浓度与 k 的拟合曲线

表 4-44 镍氢电池废料熔分渣不同 HCl 浓度下的反应级数

盐酸浓度/mol·L^{-1}	线性方程	因子
2.28~2.69	$y = 3.6437x - 12.2299$	3.64

C 粒度对浸出过程的影响

为了确定粒度对稀土浸出率的影响，将表 4-22 的数据代入界面传质和固体膜层扩散共同控制的动力学方程式（4-37）中，得到 $\frac{1}{3}\ln(1-\alpha) - 1 + (1-\alpha)^{-1/3}$ 对时间 t 的关系曲线图，如图 4-31 所示，其直线斜率 k 及相关系数 r 结果见表 4-45。

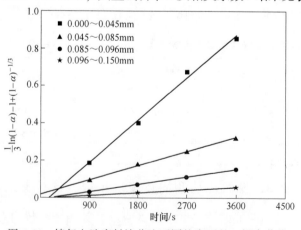

图 4-31 镍氢电池废料熔分渣不同粒度下的 k 拟合曲线

由表 4-45 可知，按界面传质和固体膜层扩散共同控制动力学方程式得到的 $\frac{1}{3}\ln(1-\alpha)-1+(1-\alpha)^{-1/3}$ 对时间 t 的直线，其相关系数均大于 0.99，且直线过原点，说明浸出过程受界面传质和固体膜层扩散共同控制。将表 4-45 中的各直线斜率 k 的对数与粒度 d_p 的对数作图，如图 4-32 所示，其线性方程及反应级数数据见表 4-46。由表 4-46 可知，稀土盐酸浸出与浓度相关的反应级数为 -1.59。

表 4-45 镍氢电池废料熔分渣不同粒度下拟合的 k 及 r

粒度/mm	线性方程	k	r
0.096~0.150	$y=1.6249\times10^{-5}x-0.0032$	1.6249×10^{-5}	0.9911
0.085~0.096	$y=4.4619\times10^{-5}x-0.0111$	4.4619×10^{-5}	0.9980
0.045~0.085	$y=8.5124\times10^{-5}x+0.0157$	8.5124×10^{-5}	0.9944
0.000~0.045	$y=2.5273\times10^{-4}x-0.0396$	2.5273×10^{-4}	0.9911

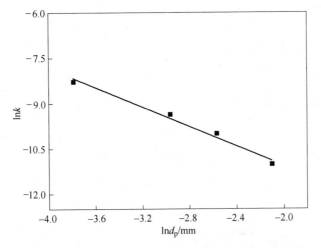

图 4-32 镍氢电池废料熔分渣不同粒度与 k 的拟合曲线

表 4-46 镍氢电池废料熔分渣不同粒度下的反应级数

粒度/mm	线性方程	因子
0.000~0.150	$y=-1.5860x-14.2028$	-1.59

综上所述，镍氢电池废料熔分渣盐酸浸出过程的表观速度常数、温度和盐酸浓度和熔分渣粒度有关，熔分渣中稀土盐酸浸出过程的动力学方程：

$$\frac{1}{3}\ln(1-\alpha)-1+(1-\alpha)^{-\frac{1}{3}}=5.02\times10^4c^{3.64}d^{-1.59}\exp\left(-\frac{57680}{RT}\right)t$$

$$(4\text{-}40)$$

4.4.2.2 高温、高压浸出过程动力学分析

熔分渣高温、高压浸出动力学分析方法与低温、低压过程相类似，利用表 4-24 的实验数据，研究温度对浸出过程的影响，分别以 $1-(1-\alpha)^{1/3}$、$1-\dfrac{2}{3}\alpha-(1-\alpha)^{2/3}$ 和 $\dfrac{1}{3}\ln(1-\alpha)-1+(1-\alpha)^{-1/3}$ 为纵坐标，时间 t 为横坐标作图，得到不同动力学模型下的相关系数 r，如表 4-47 所示。

表 4-47 镍氢电池废料熔分渣高温、高压下三种动力学模型的相关系数 r

反应温度/℃	三种动力学模型的相关系数 r		
	$1-(1-\alpha)^{1/3}$	$1-\dfrac{2}{3}\alpha-(1-\alpha)^{2/3}$	$\dfrac{1}{3}\ln(1-\alpha)-1+(1-\alpha)^{-1/3}$
100	0.9225	0.9398	0.9931
110	0.9135	0.9247	0.9937
120	0.9108	0.9138	0.9924
130	0.8858	0.8721	0.9947

表 4-47 的数据表明，在温度 100~130℃ 范围内，界面传质和固体膜层扩散共同控制的动力学方程，$\dfrac{1}{3}\ln(1-\alpha)-1+(1-\alpha)^{-1/3}$ 对时间 t 作图，其相关系数均大于 0.99，呈现良好的线性关系，且直线过原点，如图 4-33 所示，线性方程、速率常数数据见表 4-48，按阿伦尼乌斯公式，得到直线的斜率，如图 4-34 所示，由此得到的表观活化能为 53.63kJ/mol，指数前因子为 5323s^{-1}，相关数据见表 4-49。

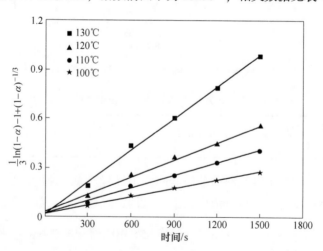

图 4-33 镍氢电池废料熔分渣高温、高压下的 k 拟合曲线

表 4-48　镍氢电池废料熔分渣高温、高压下拟合的 k 及 r

反应温度/℃	线性方程	k	r
100	$y = 1.7104 \times 10^{-4} x + 0.0185$	1.7104×10^{-4}	0.9931
110	$y = 2.5758 \times 10^{-4} x + 0.0196$	2.5758×10^{-4}	0.9937
120	$y = 3.5273 \times 10^{-4} x + 0.0294$	3.5273×10^{-4}	0.9924
130	$y = 6.4631 \times 10^{-4} x + 0.0158$	6.4631×10^{-4}	0.9947

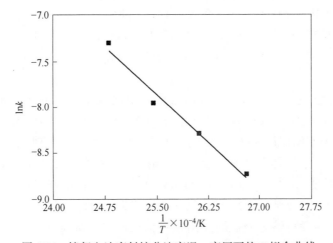

图 4-34　镍氢电池废料熔分渣高温、高压下的 E 拟合曲线

表 4-49　镍氢电池废料熔分渣高温、高压下拟合的 E 及 A

温度区间/℃	线性方程	表观活化能 E/kJ·mol^{-1}	指数前因子 A/s^{-1}
100~130	$y = -0.6450x + 8.5798$	53.63	5323

综上所述，镍氢电池废料熔分渣中稀土盐酸浸出，在高温、高压条件下，属于界面传质和固体膜层扩散共同控制，其表观活化能为 53.63kJ/mol，指数前因子为 5323s^{-1}。

4.5　本章小结

本章以钕铁硼废料、镍氢电池废料经 H$_2$ 选择性还原—渣金熔分得到的 REO-SiO$_2$-Al$_2$O$_3$ 基熔渣为原料，进行了湿法冶金从中提取稀土过程的研究，首先进行了湿法冶金浸出—净化—沉淀过程的热力学分析，在此基础上进行了盐酸浸出 REO-SiO$_2$-Al$_2$O$_3$ 基熔渣过程的实验研究，并对浸出过程的动力学进行了分析，得到以下结论：

（1）REO-SiO$_2$-Al$_2$O$_3$ 基熔渣以盐酸作为浸出剂进行浸出，盐酸能够完全浸出各氧化物，使其以离子的形态进入溶液。对于钕铁硼废料熔分渣浸出液中主要杂质 Fe^{2+} 和 Al^{3+}，Fe^{2+} 可以通过空气中的氧氧化去除，杂质 Al^{3+} 会部分去除；对于镍氢电池废料熔分渣浸出液中主要杂质 Mn^{2+} 和 Al^{3+}，杂质 Mn^{2+} 不能去除，Al^{3+} 会部分去除。净化液中稀土离子会被完全沉淀为稀土草酸盐，Al^{3+} 不与 C$_2$O$_4^{2-}$ 作用，而 Mn 成为镍氢电池废料回收稀土氧化物的主要杂质。

（2）钕铁硼废料熔分渣，采用盐酸浸出法从熔渣中回收稀土，在低温、常压条件下，最优工艺条件为液固比 10∶1，盐酸浓度为 2.84mol/L，反应时间 60min，反应温度 85℃，稀土浸出率为 96.04%，而此时稀土的回收率为 92.71%；在高温、高压条件下，合适的工艺条件为盐酸浓度 2.03mol/L，液固比 10∶1，浸出温度 110℃或 120℃，浸出时间为 30min，稀土浸出率高达 98.13%，此时稀土的回收率为 94.80%。回收得到的稀土氧化物主要为 Pr$_4$O$_7$ 和 Nd$_2$O$_3$，纯度 99.56%。

（3）镍氢电池废料熔分渣，采用盐酸浸出法从熔渣中回收稀土，在低温、常压条件下，最优工艺条件为：盐酸浓度为 2.69mol/L，液固比 10∶1，反应时间 75min，恒温水浴温度 85℃，稀土浸出率为 94.94%，而此时稀土的回收率为 91.60%。在高温、高压条件下，最优工艺条件为：盐酸浓度 2.49mol/L，液固比 10∶1，浸出温度 130℃，浸出时间 25min，稀土浸出率为 96.70%，此时稀土的回收率为 93.40%。回收得到的稀土氧化物主要为 La$_2$O$_3$，纯度为 99.51%。

（4）钕铁硼废料熔分渣盐酸浸出过程，在低温、常压下，反应处于扩散和化学反应混合控制，其表观活化能为 29.25kJ/mol，指数前因子为 2.0209s^{-1}，浸出过程的动力学方程为：

$$1 - (1-\alpha)^{\frac{1}{3}} = 2.0209c^{1.49}d^{-0.55}\exp\left(-\frac{29250}{RT}\right)t$$

在高温、高压下，浸出过程属于内扩散控制，表观活化能为 9.63kJ/mol，指数前因子为 3.57×10^{-3}s^{-1}。

（5）镍氢电池废料熔分渣盐酸浸出过程，在低温、常压下，反应处于界面传质和固体膜层扩散共同控制，其表观活化能为 57.68kJ/mol，指数前因子为 5.02×10^{4}s^{-1}。浸出过程的动力学方程为：

$$\frac{1}{3}\ln(1-\alpha) - 1 + (1-\alpha)^{-\frac{1}{3}} = 5.02 \times 10^4 c^{3.64}d^{-1.59}\exp\left(-\frac{57680}{RT}\right)t$$

在高温、高压下，浸出过程属于界面传质和固体膜层扩散共同控制，表观活化能为 53.63kJ/mol，指数前因子为 5323s^{-1}。

5 火法—湿法联合回收钕铁硼和镍氢电池两种废料中有价元素工艺研究

本书针对钕铁硼废料和镍氢电池废料，提出了采用 H_2 选择性还原—渣金熔分分离高纯合金和富含稀土氧化物的熔分渣，并在此基础上湿法浸出熔分渣熔中稀土，进而形成了高效提取钕铁硼废料和镍氢电池废料中有价元素的火法—湿法联合回收新方法，该方法具有回收流程短、产品纯度高、环境友好等优点；本书构建了一种对刚玉坩埚腐蚀轻微，且渣金分离良好的 REO-SiO_2-Al_2O_3 基熔渣体系；该熔渣体系保障了稀土氧化物在渣中高度富集的同时形成高纯度有价合金，有效保证了渣金熔分过程的顺利进行；本书采用盐酸浸出法对含稀土氧化物的钕铁硼废料熔分渣和镍氢电池废料熔分渣进行湿法提取，回收得到纯度高的稀土氧化物，稀土浸出率和酸利用率较高。

5.1 火法—湿法联合回收钕铁硼废料中有价元素的工艺

火法—湿法联合回收钕铁硼废料中有价元素的工艺流程如图 5-1 所示。

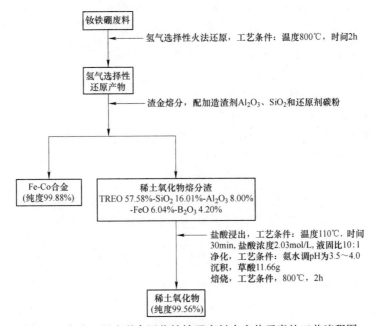

图 5-1 火法—湿法联合回收钕铁硼废料中有价元素的工艺流程图

A　H_2 选择性火法还原钕铁硼废料

取钕铁硼废料 m_1 g，粒度 0.150mm 以下，用压块机将废料粉压实，装入镍料盘，将镍料送入真空特种气氛炉内，密闭炉体，抽真空至 10Pa 以下；通入 Ar 气（纯度大于 99.995%），在 Ar 气保护下升温至 400℃，升温速度为 10℃/min；然后切换为 H_2 气氛，H_2 气流量为 0.15m³/h，以 10℃/min 的升温速度升温到 800℃，保温 2h；保温结束后，再切换为 Ar 气，在 Ar 气保护下降温至室温，取出；破碎废料粉，至粒度 0.150mm 以下，H_2 选择性火法还原后的物料中，Fe、Co 含量分别为 49.38%、0.62%，TREO 含量为 37.65%。

B　H_2 选择性还原钕铁硼废料后的渣金熔分

分别称量经 H_2 选择性还原处理后的钕铁硼废料 m_2 g、造渣剂 Al_2O_3、质量为 6.28%m_2 g、造渣剂 SiO_2、质量为 12.55%m_2 g、深度还原剂碳粉，质量为 0.50%m_2 g；将上述物料充分混匀，压片后装入刚玉坩埚，将装有物料的刚玉坩埚放入石墨坩埚内，然后将石墨坩埚放入真空碳管炉发热区内，打开循环冷却水，将炉盖盖好，开始抽真空至 10Pa 以下，通入高纯氩气至常压，按程序升温到 1600℃，升温速度 15℃/min，恒温 30min，进行金属和渣的分离。物料熔化后，用石英管搅拌熔池 2~3 次，待程序结束，随炉冷却至室温，关闭循环水，打开炉盖，取出金属合金和渣，即可得到纯度为 99.88% Fe-Co 合金和钕铁硼废料熔分渣，其组成为 TREO 57.58%、SiO_2 16.01%、Al_2O_3 8.00%、FeO 6.04%、B_2O_3 4.20%，分别对合金和熔分渣进行称量，破碎熔分渣，至粒度 0.120mm 以下。

C　盐酸浸出钕铁硼废料熔分渣

（1）取钕铁硼废料熔分渣 15g 与 37% 的浓盐酸 29.98g 和去离子水组成的 150mL 溶液混合，液固比 10：1，盐酸浓度为 2.03mol/L，将混合料液装入高压反应釜，密封，将装有混合料液的高压反应釜放入由导热油加热的油浴锅内，油浴锅按程序升温到 110℃，升温速度 1℃/min，恒温浸出 30min，取出高压反应釜，水冷至室温。

（2）将浸出液过滤，滤液用氨水调 pH 值为 3.5~4.0，加热煮沸，过滤。

（3）取滤液，向滤液加入草酸 11.66g，使稀土离子转变为沉淀，过滤，沉淀即为稀土草酸盐。

（4）将沉淀置于坩埚中，放入箱式电阻炉内，800℃，保温 2h 的条件下进行焙烧，焙烧产物即为纯度为 99.56% 的稀土氧化物，主要成分为 Pr_4O_7 和 Nd_2O_3。

5.2　火法—湿法联合回收镍氢电池废料中有价元素的工艺

火法—湿法联合回收镍氢电池废料中有价元素的工艺流程如图 5-2 所示。

A　H_2 选择性火法还原镍氢电池废料

取镍氢电池废料（由正负极废料粉按质量比为 1：1.25 配成混合料粉组成）

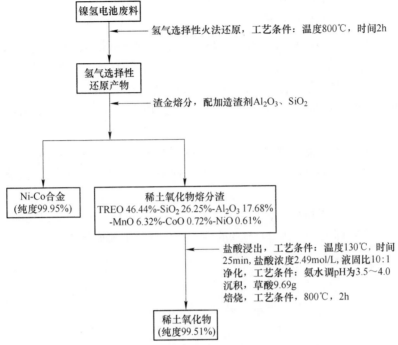

图 5-2 火法—湿法联合回收镍氢电池废料中有价元素的工艺流程图

n_1 g，粒度 0.150mm 以下，利用球磨机充分混匀，用压块机将混合料压实，装入镍料盘，将镍料送入真空特种气氛炉内，密闭炉体，抽真空至 10Pa 以下；通入 Ar 气（纯度大于 99.995%），在 Ar 气保护下升温至 400℃，升温速度为 10℃/min；然后切换为 H_2 气氛，H_2 气流量为 0.15m³/h，以 10℃/min 的升温速度升温到 800℃，保温 2h，保温结束后，再切换为 Ar 气，在 Ar 气保护下降温至室温，取出；破碎混合料，至粒度 0.150mm 以下，H_2 选择性火法还原后的物料中，Ni、Co 含量分别为 57.25%、7.82%，TREO 含量为 22.14%。

B H_2 选择性还原镍氢电池废料后的渣金熔分

分别称量经 H_2 选择性还原处理后的镍氢电池废料 n_2 g；造渣剂 Al_2O_3，质量为 6.51% n_2 g；造渣剂 SiO_2，质量为 11.07%n_2 g。将上述物料充分混匀，压片后装入刚玉坩埚，将装有物料的刚玉坩埚放入石墨坩埚内，然后放入真空碳管炉发热区内，打开循环冷却水，将炉盖盖好，开始抽真空至 10Pa 以下，通入高纯氩气至常压，按程序升温到 1600℃，升温速度 15℃/min，恒温 30min，进行金属和渣的分离。物料熔化后，用石英管搅拌熔池 2~3 次，待程序结束，随炉冷却至室温，关闭循环水，打开炉盖，取出金属合金和渣，即可得到纯度为 99.95% Ni-Co 合金和镍氢电池废料熔分渣，其组成为 TREO 46.44%、SiO_2 26.05%、Al_2O_3 17.68%、MnO 6.32%、CoO 0.72%、NiO 0.61%，分别对合金和熔分渣进行称量，破碎熔分渣，至粒度 0.120mm 以下。

C   盐酸浸出镍氢电池废料熔分渣

（1）取镍氢电池废料熔分渣 15g 与 37% 的浓盐酸 36.81g 和去离子水组成的 150mL 溶液混合，液固比 10∶1，盐酸浓度为 2.49mol/L，将混合料液装入高压反应釜，密封，将装有混合料液的高压反应釜放入由导热油加热的油浴锅内，油浴锅按程序升温到 130℃，升温速度 1℃/min，恒温浸出 25min，取出高压反应釜，水冷至室温。

（2）将浸出液过滤，滤液用氨水调 pH 值为 3.5~4.0，加热煮沸，过滤。

（3）取滤液，向滤液加入草酸 9.69g，使稀土离子转变为沉淀，过滤，沉淀即为稀土草酸盐。

（4）将沉淀置于坩埚中，放入箱式电阻炉内，800℃，保温 2h 的条件下进行焙烧，焙烧产物即为纯度为 99.51% 的稀土氧化物，主要成分为 La_2O_3。

参 考 文 献

[1] 陈晋. 钕铁硼永磁材料的生产应用及发展前景 [J]. 铸造技术, 2012, 33（4）: 398~400.

[2] 唐杰. 制备工艺对高矫顽力烧结 NdFeB 永磁材料的影响 [D]. 成都: 四川大学, 2006.

[3] 钟明龙, 刘徽平. 我国钕铁硼永磁材料产业技术现状与发展趋势 [J]. 电子元件与材料, 2013, 32（10）: 6~9.

[4] 蒋龙, 喻晓军. 中国烧结钕铁硼永磁产业回顾及展望 [J]. 新材料产业, 2011, 5: 1~7.

[5] 钟明龙, 刘徽平. 江西稀土永磁材料产业现状与发展建议 [J]. 有色金属科学与工程, 2013, 4（1）: 95~100.

[6] 周炳炎, 贾晨夜. 进口钕铁硼废料的资源特性分析 [J]. 中国资源综合利用, 2008, 26（7）: 5~7.

[7] 许涛, 李敏, 张春新. 钕铁硼废料中钕、镝及钴的回收 [J]. 稀土, 2004, 25（2）: 31~34.

[8] 龙克昌. 采用稀土贮氢材料的镍氢电池 [J]. 稀有金属材料与工程, 1992（1）.

[9] 冯治库, 杨宏秀. 稀土储氢材料研究的进展 [J]. 稀有金属材料与工程, 1990（1）: 59~70.

[10] 经海, 郭宏, 朱学新, 等. 特种工艺方法制备储氢合金综述 [J]. 稀有金属, 2004, 28（1）: 243~247.

[11] 黄礼煌. 稀土提取技术 [M]. 北京: 冶金工业出版社, 2006.

[12] 熊家齐. 全球稀土市场现状及发展趋势 [J]. 稀土, 2006, 27（3）: 95~101.

[13] 熊家齐. 生机勃发的稀土新材料产业 [J]. 稀土, 2007, 28（3）: 96~101.

[14] Yang X M, Bas M J L. Chemical compositions of carbonate minerals from Bayan Obo, Inner Mongolia, China: implications forpetrogenesis [J]. Lithos, 2004, 72（1）: 97~116.

[15] 刘光华. 稀土材料与应用技术 [M]. 北京: 化学工业出版社, 2005.

[16] Cuscueta D J, Ghilarducci A A, Salva H R. Design, elaboration and characterization of a Ni－MH battery prototype [J]. International Journal of Hydrogen Energy, 2010, 35（20）: 11315~11323.

[17] Bai G, Gao R W, Sun Y, et al. Study of high-coercivity sintered NdFeB magnets [J]. Journal of Magnetism and Magnetic Materials, 2007, 308（1）: 20~23.

[18] 石富. 稀土冶金 [M]. 内蒙古: 内蒙古大学出版社, 1994: 14~15.

[19] 徐光宪. 稀土 [M]. 北京: 冶金工业出版社, 1985: 399.

[20] Duncan L K. Process for separating cerium concentrate from ores [P]. U S Patent: 3812233, 1974.

[21] 黄劲松, 齐富美. 钕铁硼废料资源化利用综述 [J]. 中国资源综合利用, 2008, 26（11）: 4~5.

[22] Bertuol D A, Bernardes A M, Holeczek H, et al. Spent NiMH batteries-rare earth recovery and leach liquor purification through selective precipitation [J]. Acta Slovaca, 2006, 12: 13~19.

［23］徐丽阳，陈志传．镍氢电池负极板中稀土的回收工艺研究［J］．中国稀土学报，2003，21（1）：66~69.

［24］吴巍，张洪林．废镍氢电池中镍、钴和稀土金属回收工艺研究［J］．稀有金属，2010，34（1）：79~84.

［25］唐杰，魏成富，赵导文，等．烧结钕铁硼废料中 Nd_2O_3 的回收［J］．稀有金属与硬质合金，2009，27（3）：11~18.

［26］Varta Batterie Atkiengesellschaft. Process for the recovery ofmetals fromused nickel/metal hydride storage batteries［P］. US 5858061, 1999-01-12.

［27］刘志强，陈怀杰．从 NdFeB 磁体废料中回收稀土的工艺［J］．材料研究与应用，2009，3（2）：134~137.

［28］陈玉凤，林宝启，黎先财．从钕铁硼废料中提取氧化钕［J］．无机盐工业，2001，33（3）：37~38.

［29］林河成．利用钕铁硼废料制备氧化钕［J］．上海有色金属，2006，27（3）：17~20.

［30］王毅军，刘宇辉，郭军勋，等．用盐酸优溶法从 NdFeB 废料中回收稀土［J］．湿法冶金，2006，25（4）：195~197.

［31］王毅军，刘宇辉，翁国庆，等．盐酸优溶法回收 NdFeB 废料中稀土元素的研究与生产［J］．稀有金属与硬质合金，2007，35（2）：25~27.

［32］宋绍开．AB_5 型稀土储氢合金冶炼废渣回收利用的研究［D］．包头：内蒙古科技大学，2010.

［33］陈云锦．全萃取法回收钕铁硼废渣中的稀土与钴［J］．中国资源综合利用，2006（4）：10~13.

［34］陈军，陶占良．镍氢二次电池［M］．北京：化学工业出版社，2006：250~262.

［35］王荣，阎杰，周震，等．MH/Ni 电池稀土系储氢合金的失效及回收研究［J］．中国稀土学报，2002，20（2）：138~142.

［36］阎杰，王荣，阎德意，等．失效镍氢二次电池负极合金粉的再生方法［P］．中国专利：CN1295355，2001-05-16.

［37］姜银举，罗果萍，马小可，等．直接还原—渣金熔分法回收稀土储氢合金冶炼废渣［J］．稀土，2012，33（6）：53~56.

［38］姜银举，马小可，杨吉春，等．选择性氧化—渣金熔分法回收稀土储氢合金冶炼废渣［J］．稀土，2012，33（5）：47~49.

［39］姜银举，宋绍开，徐掌印，等．从稀土储氢合金冶炼废渣中回收稀土镍钴合金的研究［J］．稀土，2012，33（4）：86~89.

［40］姜银举，徐掌印，李佩璋，等．AB_5 型稀土系储氢合金冶炼废渣回收利用方法［P］．中国专利：ZL201010114005.9，2011-12-14.

［41］张选旭．电还原-P507 萃取分离法从废钕铁硼中回收稀土工业试验［J］．江西有色冶金，2009，23（3）：30~31.

［42］郭长庆，程军．从废稀土储氢合金中提取稀土镍钴合金的工艺［P］．中国专利：CN1932054，2007-03-21.

［43］郭长庆，王琦环，刘小平，等．用稀土镍钴合金为原料生产储氢合金［P］．中国专利：CN101250647，2007-08-27.

［44］霍慧贤，郭长庆．新法回收废储氢合金性能的研究［J］．内蒙古科技大学学报，2007，26（1）：42~45.

［45］Saito T，Sato H，Motegi T．Extraction of rare earth from La Ni alloys by the glass slag method［J］．Journal of Materials Research，2003，18（12）：2814~2819.

［46］Saito T，Sato H，Ozawa S，et al．The extraction of Nd from waste Nd-Fe-B alloys by the glass slag method［J］．Journal of Alloys & Compounds，2003，353（1~2）：189~193.

［47］Xu Y．Liquid metal extraction of Nd from NdFeB magnet scrap［J］．Journal of Materials Research，2000，15（11）：2296~2304.

［48］H．海根．从废储氢电池中再生回收镍、钴和稀土金属的闭路循环［J］．国外金属矿选矿，2006，6：34~38.

［49］Müller T，Friedrich B．Development of a recycling process for nickel-metal hydride batteries［J］．Journal of Power Sources，2006，158（2）：1498~1509.

［50］欧阳奇，谢志江，温良英，等．基于兴趣区面积最大炉渣性能动态测量法研究［J］．检测与仪表，2006（5）：53~55.

［51］智建国，陈建新，王爱兰．结晶器保护渣熔化速度测定方法的研究［J］．耐火材料，2003，37（2）：100~102.

［52］范群群．热丝法炉渣分析仪的智能温度测控系统设计［D］．重庆：重庆大学，2010.

［53］王筱留．高炉生产知识问答［M］．北京：冶金工业出版社，1991.

［54］夏俊飞，许继芳，刘恭源，等．CaO 和 SiO_2 含量对 $CaO-SiO_2-Al_2O_3-MgO$ 熔渣熔化性能的影响［J］．过程工程学报，2010，10（S1）：78~82.

［55］Li M，Utigard T，Barati M．Removal of Boron and Phosphorus from Silicon Using $CaO-SiO_2-Na_2O-Al_2O_3$，Flux［J］．Metallurgical & Materials Transactions B，2014，45（1）：221~228.

［56］王聪，赵晶晶，王修越，等．冶金熔渣粘度的测量和模型计算［J］．热加工工艺，2014，43（17）：70~72.

［57］饶东生．硅酸盐物理化学［M］．北京：冶金工业出版社，1991.

［58］张银鹤，孙长余，汪琦．高铝高炉渣的物理化学性质［J］．辽宁科技大学学报，2012，35（5）：454~458.

［59］白晨光．含钛高炉渣的若干物理化学问题研究［D］．重庆：重庆大学，2003.

［60］刘承军，朱英雄，姜茂发，等．$CaO-SiO_2-Na_2O-CaF_2-Al_2O_3-MgO$ 保护渣系的 Al_2O_3 吸收速率和粘度［J］．炼钢，2001，17（3）：42~46.

［61］Iida T，Sakai H，Kita Y，et al．An Equation for Accurate Prediction of the Viscosities of Blast Furnace Type Slags from Chemical Composition［J］．Isij International，2000，40（Suppl）：S110~S114.

［62］Nakamoto M，Lee J，Tanaka T．A Model for Estimation of Viscosity of Molten Silicate Slag［J］．Isij International，2006，45（5）：651~656.

［63］Zhang P X，Sui Z T．Effect of factors on the extraction of boron from slags［J］．Metallurgical &

Materials Transactions B, 1995, 26（2）：345~351.

[64] Zhang P X, Sui Z T. Crystallization kinetics of the component containing boron in MgO-B₂O₃-SiO₂-Al₂O₃-CaO slag [J]. Scandinavian Journal of Metallurgy, 1994, 23（5）：244~247.

[65] 隋智通, 张培新. 硼渣中硼组分选择性析出行为 [J]. 金属学报, 1997, 33（9）：943~950.

[66] 张培新, 隋智通. MgO-B₂O₃-SiO₂ 渣中含硼组分晶化动态研究 [J]. 硅酸盐学报, 1996, 24（5）：558~563.

[67] 李胜荣. 结晶学与矿物学 [M]. 北京：地质出版社, 1978：7~8.

[68] Avrami M. Kinetics of Phase Change-I. General Theory [J]. Journal of Chemical Physics, 1939, 7（12）：1103~1112.

[69] Avrami M. Granulation, Phase Change, and Microstructure Kinetics of Phase Change-III [J]. Journal of Chemical Physics, 1941, 9（2）：177~184.

[70] Kissinger H E. Variation of Peak Temperature with Heating Rate in Differential Thermal Analysis [J]. Journal of Research of the National Bureau of Standards, 1956, 57（4）：217~221.

[71] 李玉海. 含钛高炉渣中钙钛矿相选择性析出与长大 [D]. 沈阳：东北大学, 2000.

[72] 马俊伟. 攀钢含钛高炉渣中钛组分选择性分离的研究 [D]. 沈阳：东北大学, 2000.

[73] 李辽沙. 五元渣 C（MsAT）中钛选择性富集的基础研究 [D]. 沈阳：东北大学, 2001.

[74] 王明玉. 含钛高炉渣氧吹炼体系中 Ti 的富集和钙钛矿的析出特征研究 [D]. 沈阳：东北大学, 2005.

[75] 张力. 含钛渣中钛的选择性富集与长大行为 [D]. 沈阳：东北大学, 2002.

[76] 张培善. 中国稀土矿物学 [M]. 北京：科学出版社, 1998.

[77] Ding Y G, Xue Q G, Wang G, et al. Recovery behavior of rare earth from Bayan Obo complex i-ron ore [J]. Metallurgical and Materials Transactions B, 2013, 44（1）：28~36.

[78] Ding Y G, Wang J S, Wang G, et al. Innovative methodology for separating of rare earth and i-ron from Bayan Obo complex iron ore [J]. ISIJ international, 2012, 52（10）：1772~1777.

[79] Le T H, Malfliet A, Blanpain B, et al. Phase relations of the CaO-SiO₂-Nd₂O₃ system and the implication for rare earths recycling [J]. Metallurgical and Materials Transactions B, 2016, 47（3）：1736~1744.

[80] 马壮. CaO-SiO₂-CeO₂-CaF₂ 渣系缓冷结晶实验研究 [D]. 包头：内蒙古科技大学, 2016.

[81] 徐光宪. 稀土（中）[M]. 北京：冶金工业出版社, 2002：244.

[82] 李大纲, 卜庆才, 娄太平, 等. RE₂O₃-CaO-SiO₂-CaF₂-MgO-Al₂O₃ 系炉渣的凝固组织 [J]. 钢铁研究学报, 2004, 16（1）：30~33.

[83] 高鹏, 韩跃新, 李艳军, 等. 白云鄂博氧化矿石深度还原-磁选试验研究 [J]. 东北大学学报, 2010, 31（6）：886~889.

[84] 姜茂发, 姚永宽, 刘承军. 稀土处理钢用中间包覆盖剂岩相分析 [J]. 中国稀土学报, 2003, 21（5）：572~575.

[85] 姜银举, 赵增武, 董小明, 等. 直接还原—渣金熔分法富集白云鄂博主东矿铁精矿粉中的稀土 [J]. 稀土, 2014, 35（3）：54~58.

[86] 姜银举，赵增武，董小明，等．直接还原—渣金熔分法富集白云鄂博西矿铁精矿粉中的稀土 [J]．稀土，2015，36（6）：101～105．

[87] Elwert T, Goldmann D I, Schirmer T, et al. Affinity of Rare Earth Elements to Silico-Phosphate Phases in the System Al_2O_3-CaO-MgO-P_2O_5-SiO_2 [J]. Chemie Ingenieur Technik, 2014, 86 (6)：840～847.

[88] 梁英教，车荫昌，刘晓霞．无机化合物热力学数据手册 [M]．沈阳：东北大学出版社，1993：449～486．

[89] 叶大伦．实用无机物热力学数据手册 [M]．北京：冶金工业出版社，1981：46～117．

[90] 葛庆仁．气固反应动力学 [M]．北京：原子能出版社，1991：56～59．

[91] 司新国．H_2-CO 还原钛精粉的热力学和动力学分析 [D]．上海：上海大学，2014．

[92] 王常珍．冶金物理化学研究方法 [M]．北京：冶金工业出版社，2006：431～436．

[93] 孙小燕，向文国，田文栋，等．基于 Fe_3O_4 的化学键制氢动力学特征 [J]．燃烧科学与技术，2011，17（6）：2691～2699．

[94] 华一新．冶金过程动力学导论 [M]．北京：冶金工业出版社，2004．

[95] Lin Y, Guo Z, Tang H, et al. Dynamic research of iron ore reduction [J]. Journal of Chinese Society of Rare Earths, 2012, 30 (s)：106～110.

[96] 吴黎峰．铁矿石载氧体还原反应动力学及其制氢过程实验研究 [D]．南京：东南大学，2016：11～15．

[97] 胡荣祖，史合祯．热分析动力学 [M]．北京：科学出版社，2001：200～203．

[98] 李林，牛犁，郭汉杰，等．氢气还原褐铁矿实验研究与动力学分析 [J]．工程科学学报，2015，37（1）：13～19．

[99] 杨绍利．钛铁矿熔炼钛渣与生铁技术 [M]．北京：冶金工业出版社，1994．

[100] 朱苗勇．现代冶金学 [M]．北京：冶金工业出版社，2005．

[101] 王筱留．钢铁冶金学（炼铁部分）[M]．北京：冶金工业出版社，2004．

[102] 刘晓荣，邱冠周，蔡汝卓，等．Al_2O_3/SiO_2 对低温烧结成矿规律的影响 [J]．钢铁，2001，36（3）：5～8．

[103] 刘著，唐萍，文光华，等．B_2O_3 在稀土连铸保护渣中作用机制的研究 [J]．稀土金属，2006，30（4）：457～461．

[104] 高运明，王少博，杨映斌，等．FeO 含量对 SiO_2-CaO-Al_2O_3-MgO（-FeO）酸性渣熔化温度的影响 [J]．武汉科技大学学报，2013，36（3）：161～165．

[105] 熊洪进，施哲，丁跃华，等．CaO-MgO-FeO-Al_2O_3-SiO_2-P_2O_5 熔融还原渣熔化温度的研究 [J]．矿冶，2013，22（3）：84～90．

[106] 齐飞．过渡族金属氧化物对保护渣结晶行为的影响 [D]．重庆：重庆大学，2007．

[107] Seong-Ho S, Sung-Mo J, Young-Seok L, et al. Viscosity of Highly Basic Slags [J]. Isij International, 2007, 47 (8)：1090～1096.

[108] Sridhar S, Mills K C, Afrange O D C, et al. Break temperatures of mould fluxes and their relevance to continuous casting [J]. Ironmaking & Steelmaking, 2000, 27 (3)：238～242.

[109] Zhang L, Jahanshahi S. Review and modeling of viscosity of silicate melts：Part I. Viscosity of

binary and ternary silicates containing CaO, MgO, and MnO [J]. Metallurgical & Materials Transactions B, 1998, 29 (1): 177~186.

[110] Zuo H B, Wang C, Xu C F, et al. Effects of MnO on slag viscosity and wetting behaviour between slag and refractory [J]. Ironmaking & Steelmaking, 2015, 43 (1): 56~63.

[111] Yu X, Wen G H, Tang P, et al. Investigation on viscosity of mould fluxes during continuous casting of aluminium containing TRIP steels [J]. Ironmaking & Steelmaking, 2009, 36 (8): 623~630.

[112] Sun Y, Liao J, Zheng K, et al. Effect of B_2O_3 on the Structure and Viscous Behavior of Ti-Bearing Blast Furnace Slags [J]. Jom the Journal of the Minerals Metals & Materials Society, 2014, 66 (10): 2168~2175.

[113] Huang X H, Liao J L, Zheng K, et al. Effect of B_2O_3 addition on viscosity of mould slag containing low silica content [J]. Ironmaking & Steelmaking, 2014, 41 (1): 67~74.

[114] Zhang G H, Chou K C, Xue Q G, et al. Modeling Viscosities of CaO-MgO-FeO-MnO-SiO Molten Slags [J]. Metallurgical & Materials Transactions Part B, 2012, 43 (1): 64~72.

[115] 刘海斌, 吴旺平, 韩伏, 等. 基于低温炼铁技术酸性高炉渣流动性的实验研究 [J]. 安徽工业大学学报（自然科学版）, 2013, 30 (1): 1~5.

[116] 杨显万. 高温水溶液热力学数据计算手册 [M]. 北京: 冶金工业出版社, 1983.

[117] 石富. 稀土冶金技术 [M]. 北京: 冶金工业出版社, 2009.

[118] 马荣骏. 湿法冶金原理 [M]. 北京: 冶金工业出版社, 2007.

[119] 傅崇说. 有色冶金原理 [M]. 北京: 冶金工业出版社, 1993.

[120] 周伯劲. 常用试剂与金属离子的反应 [M]. 北京: 冶金工业出版社, 1959.

[121] Sansom J E H, Richings D, Slater P R. A powder neutron diffraction study of the oxide-ion-conducting apatite-type phases, $La_{9.33}Si_6O_{26}$ and $La_8Sr_2Si_6O_{26}$ [J]. Solid State Ionics, 2001, 139 (3~4): 205~210.

[122] Ternane R, Boulon G, Guyot Y, et al. Crystal growth, structural and spectroscopic characterization of undoped and Yb^{3+}-doped oxyboroapatite fibers [J]. Optical Materials, 2003, 22 (2): 117~128.

[123] Boyer L, Piriou B, Carpena J, et al. Study of sites occupation and chemical environment of Eu^{3+} in phosphate-silicates oxyapatites by luminescence [J]. Journal of Alloys & Compounds, 2000, 311 (2): 143~152.

[124] Boyer L, Carpena J, Lacout J L. Synthesis of Phosphate-Silicate Apatites at Atmospheric Pressure [J]. Solid State Ionics, 1997, 95 (1): 121~129.

[125] Masubuchi Y, Higuchi M, Kodaira K. Reinvestigation of phase relations around the oxyapatite phase in the Nd_2O_3-SiO_2 system [J]. Journal of Crystal Growth, 2003, 247 (1~2): 207~212.

[126] Tzvetkov G, Minkova N. Effects of Mechanochemical Treatment on Yttrium Oxyapatite Formation [J]. Journal of Materials Synthesis & Processing, 2001, 9 (3): 125~130.

[127] Serret A, And M V C, Valletregí M. Stabilization of Calcium Oxyapatites with Lanthanum

（Ⅲ）-Created Anionic Vacancies ［J］. Chemistry of Materials, 2011, 12（12）: K155 ~ K157.

［128］Takahashi M, Uematsu K, Ye Z G, et al. Single-Crystal Growth and Structure Determination of a New Oxide Apatite, NaLa$_9$（GeO$_4$）$_6$O$_2$ ［J］. Journal of Solid State Chemistry, 1998, 139（2）: 304 ~ 309.

［129］Felsche J. Rare earth silicates with the apatite structure ［J］. Journal of Solid State Chemistry, 1972, 5（2）: 266 ~ 275.

［130］Parmentier J, Liddell K, Thompson D P, et al. Influence of iron on the synthesis and stability of yttrium silicate apatite ［J］. Solid State Sciences, 2001, 3（4）: 495 ~ 502.

［131］Tzvetkov G, Minkova N. Effects of Mechanochemical Treatment on Yttrium Oxyapatite Formation ［J］. Journal of Materials Synthesis & Processing, 2001, 9（3）: 125 ~ 130.

［132］Tzvetkov G, Minkova N. Mechanochemical stimulation of the synthesis of lanthanum oxyapatite ［J］. Materials Letters, 1999, 39（6）: 354 ~ 358.

［133］赵有才, 张承龙, 蒋家超. 碱介质湿法冶金技术 ［M］. 北京: 冶金工业出版社, 2009: 10 ~ 17.

［134］莫鼎成. 冶金动力学 ［M］. 长沙: 中南工业大学出版社, 1987: 173 ~ 312.

［135］Dickinson C F, Heal G R. Solid-liquid diffusion controlled rate equations ［J］. Thermochimica Acta, 1999, 340-341: 89 ~ 103.

［136］Liu Z X, Yin Z L, Hu H P, et al. Leaching kinetics of lowgrade copper ore with highalkality gangues in ammonia ammonium sulphate solution ［J］. J. Cent. South Univ. , 2012, 19: 77 ~ 84.

［137］张亚莉. 铁酸锌型含银低品位氧化锌矿处理新工艺与理论研究 ［D］. 长沙: 中南大学, 2012.